见识城邦

更 新 知 识 地 图　拓 展 认 知 边 界

万物皆数学

Everything is Mathematical

数学星球

人类文明与数学

Planet Mathematics: a numerical journey around the world

[西] 米克尔·阿尔贝蒂（Miquel Albertí）著

卢娟 译

中信出版集团 | 北京

图书在版编目（CIP）数据

数学星球 / (西) 米克尔·阿尔贝蒂著 ; 卢娟译
. -- 北京 : 中信出版社, 2020.12
（万物皆数学）
书名原文: Planet Mathematics: a numerical
journey around the world
ISBN 978-7-5217-2231-4

Ⅰ. ①数… Ⅱ. ①米… ②卢… Ⅲ. ①数学—普及读
物 Ⅳ. ①O1-49

中国版本图书馆CIP数据核字（2020）第173907号

Planet Mathematics: a numerical journey around the world by Miquel Albertí

数学星球

著　　者：［西］米克尔·阿尔贝蒂
译　　者：卢娟
出版发行：中信出版集团股份有限公司
（北京市朝阳区惠新东街甲4号富盛大厦2座　邮编　100029）
承 印 者：北京诚信伟业印刷有限公司

开　　本：880mm × 1230mm　1/32　　印　　张：7.25　　字　　数：160千字
版　　次：2020年12月第1版　　印　　次：2020年12月第1次印刷
京权图字：01-2020-5637
书　　号：ISBN 978-7-5217-2231-4
定　　价：48.00元

献给皮拉尔

目录

引　言

所有文化都是由许多共同的因素所塑造的。这些因素可以是它们自身的信仰和仪式、生活哲学、社会组织形式、语言、文学、烹饪、艺术风格、贸易体系、技术、考古学，当然还有数学。

数学是人类文化的产物，大学或研究中心的工作人员每天都会用到它。但是，在没那么“高端”的地方也有属于自己的数学。无论这类数学知识专业或是不甚专业，它们都在学术传统的边缘地带不断发展。

我们大多数人所了解的数学历史只是西方数学的历史，但数学基础的建立却远在我们的学术团体甚至文化形成之前。人类学的研究很少将注意力放在数学上。总体来说，人类学所做的不过是将各类数字和计数系统当作奇闻逸事进行记录罢了。西方殖民者也从没有关注过当地的本土数学思想，因此这些思想大都不为人知，并且被认为只是通过手工艺品制作和其他手艺人参与的文化性质的活动而得到发展。

我们在本书里谈及的并不是简单的日常数学，而是那种独立发展并致力于解决实际问题的数学。所有文化都有以高质量、严谨、精确的方式行事的需求，都要计数、测量、辨向和设计。民族数学（Ethnomathematics）是在满足各民族和文化的特定需求中不断发展的本土数学。各个地方的人都通过日复一日的劳作和生活抓住了数学的根基，所以人们在各个地方都能看到民族数学的身影。显然，我们不能奢望在学术环境中找到这种数学。我们期望的应当是这样一种自然状态的数学：以学术视角来看它未经润饰或雕琢、更多地基于经验和实践而不是理论推导证明，同时又是基于理性共通的逻辑的数学。

总体而言，民族数学的研究目的是展示各个民族和各种文化的本土数学，评估其应用，并把它纳入正规数学体系，使其能够得到进一步发展，同时也能成为一种教育资源。那么，我们在哪里能找到民族数学，能以什么方式找到它，又应该怎样对待它呢？

本书可以说是一场跨越时间和文化的环球数学之旅。我们将会看到，许多文化发展了它们自身的数字系统和本土计算方法，其中结出的两个劳动果实就是计算器的“祖先”——印加人的结绳文字和中国人的算盘。

受空间限制的、二维或三维的构造是建筑和装饰物的基础。对于创作兼具造型性和重复性的图案来说，这种构造中的数学特征尤为关键，以至于一个民族或一种文化可以通过一项几何设计被轻易认出。扩展到全人类而言，从史前到现代，环顾全球各地，对称是一种被广泛使用的文化表达形式。

不论是引导我们去接受、了解组成游戏的规则，还是监督这些规则的执行，游戏本身都发挥了重要的作用。而且在游戏中还蕴含着自洽的逻辑，以及判定结果和局势的基本准则。正是在游戏中，一种文化表达了其理解概率的方式。

并不是所有文化都将数学与文化的其他方面分隔开来。比如仪式或典礼上的某些习俗，对其不了解的人会认为那些行为遵照了戏剧、舞蹈、音乐或者几何学的规则，但是对于身处其中的人来说，它们并没有什么不同。而这些同与不同并不是我们的研究目标。我们并不会讨论原住民是否相信他们在实践自己特有的数学知识，但是我们会从自身的视角用他们的数学方法来审视我们自己。

最后，我们会在民族数学知识中找到上述问题的答案——人类是一种天生有数学思维的物种。

要在数学的起源和发展区域寻找它的踪迹，显然不能抛开实践数学知识的人群。因此，我在此郑重地向伊布·克图特（Ibu Ketut）表示感谢，许多关于印度尼西亚巴厘岛的材料都是通过与她合作积累的。我还要特别感谢来自印度泰米尔纳德邦金奈市的卡米尼·丹达帕尼（Kamini Dandapani），他的照片展示和解释了在印度吉祥图案古拉姆斯（Kolams）之下隐藏的数学观念。在关于玻璃制造与数学的联系这个章节中，西班牙萨瓦德尔市 L’art ORL Vitrall 公司的多洛斯·吉萨（Dolors Guixà）和霍安·塞拉（Joan Serra）发挥了关键的作用。同时，我也非常感谢上述所有人在阐明常常被隐藏在表象之下的数学观点和数学活动中所给予的帮助。

第一章

数学的民族起源

哪里有文化，哪里就有数学

全世界都在使用“数学”这个概念，它反映了这个学科在世界各地都被以几乎相同的方式和内容所研究的现实。在世界各地的幼儿园、中小学、研究机构和综合性大学里，学生们被教导怎样学会计算，他们会读到古希腊哲学家泰勒斯和毕达哥拉斯的定理，学习如何以方程式和方程组的方式解决实际问题，构建大量数学模型以解释各种现象。在其他学科中，数学概念也得到了许多应用，不管这些学科是不是和科学有关。

数学研究使用的工具越来越复杂。如果说在柏拉图时代，仅凭尺子和圆规，人们就能提出建设性的观点，那么今天要想理解数学的进展，就必须求助于囊括了从各种类型的计算器到最复杂的计算机软件在内的各种最新的科技手段。

上述数学所涉及的领域，表明了数学本身的普遍性。但首先要指出的是，与其说这里的数学具有普遍性，不如说它具有单调而统一的体制化特点。它在各类机构中发展，并在不同国家通过教育项目实现了彼此的一致。抛开那些细微的差异不说，不论是在东方还是西方，南方还是北方，各地所教授和学习的数学在本质上都是相同的。

然而，数学具有普遍性的另一个方面则植根于世界上所有的文化，因为普遍的情况是：数学的思想和方法出于解决问题的目的而得到了发展。从这个视角来看，数学实际上是一种泛文化现象。艾伦·毕晓普（Alan Bishop）在1991年首先提出了这一观点。通过他的著作《数学的文化适应》（*Mathematical Enculturation*），我们现在不仅意识到数学是一种带有文化色彩的人工产物和基本要素，还了解了它在文化传播中所扮演的角色。

过去被认为受到良好教育的"文人"可以坦率地承认自己对数学一无所知，现在可以说这已经是旧时代留下来的对文化人的刻板印象了。文化这个概念本身就包含多种内容，然而提起文化，人们通常不会想到数学家。不过，一个民族或文化可能离开数学而存在或理解自身吗？答案显然是"不可能"。

文化是一种随着时间的推移而发展起来的知识集合，人们希望自己的生活变得更方便，因此创造了它，并最终将其塑造为一种独特的生活方式。彼此毫无联系的人类群体可能会发展出不同的文化，这些文化的不同之处也许会出现在将不同社区凝聚起来的纽带、房屋、饮食习惯、赖以生存的工作、信仰、神话和恐惧等方面。寒来暑往，斗转星移，每种文化都逐渐发展出自身的社会组织和政治体系、语言、关于生命和存在的哲学、仪式和信仰、技术以及各种多样化的文化表现形式，例如音乐、舞蹈和装饰品等。

所有这些都在不同的时间发生于不同的地区。西方主流文化直到最近几百年才意识到这一点。在15世纪之前，西方人对美洲大陆可以说是一无所知。事实上对欧洲之外的情况，他们都知道得很少。关于印度之外的那片土地，人们得到的所有信息几乎都来源于探险家马可·波罗对自己“契丹”（即中国）之旅的记述，而且他是否真的去过那里也存疑。关于太平洋和其岛屿文化的知识那时根本不存在于欧洲人的头脑中。澳大利亚大陆的第一个名字叫“未知之地”（Terra Incognita）。

但是，数千年以来，在欧洲人所未知的这些土地上，有很多人居住，而且他们发展了自身的知识系统。他们用自己的语言交流，一些民族还拥有自己的书写符号。他们居住在用各种工具建造的房子里，这些房子的建筑材料都来源于周边环境：木头、竹子、泥土、树叶等。他们用游戏打发时间，其中一种玩法是将鹅卵石投入木板上被有规律地凿出的小坑里。他们在陆地和海洋上旅行，还和邻国进行贸易活动。

这些民族都知道如何生活。没有人会怀疑他们知道如何打猎、自我组织、建造、烹饪、航行、进行选拔、辨向、设计、说话、写作或者玩游戏。他们也会计数、计算和测量。而且，如果每种文化都能发展出有别于其他民族的文化成果，例如他们的信仰、生活哲学、建筑、贸易体系以及艺术品，那么他们也能发展出自己的数学吗？

那些由本地文化或本地人发展起来的本土数学被称为民族数学。民族数学这个名词是由巴西数学家和教师乌比拉坦·安布罗西奥（Ubiratan d'Ambrosio）在20世纪80年代末创造的。

民族数学的创始人

从那些最早的人类学研究中，我们就可以找到关于文化和数学关系的探讨，一个例子就是盖伊和科尔（Gay and Cole）关于非洲利比亚克佩勒人的著作。但是，现在被命名为民族数学的主要知识体系是由英国的艾伦·毕晓普和巴西的乌比拉坦·安布罗西奥构建和发展的；但是，在这个学科的成长过程中，莫桑比克的保卢斯·格迪斯（Paulus Gerdes）、美国的马西娅·阿舍尔（Marcia Ascher）和英国的克劳迪娅·扎斯拉夫斯基（Claudia Zaslavsky）也做出了重要贡献，他们的创见给这个学科带来了许多启发。

乌比拉坦·安布罗西奥

乌比拉坦·安布罗西奥出生于圣保罗，并在该市的一所大学获得了数学博士学位。后来，他在美国布朗大学数学系完成了博士后研究。

艾伦·毕晓普是澳大利亚莫纳什大学教育学院教育学荣休教授。他在英国剑桥大学开始职业生涯，并且就数学、技术和科学教育等问题向联合国教科文组织提供相关建议。

世界上曾经存在而且现在仍然存在着许多种不同的文化。这些文化中独特的数学思想使我们能够描述一个民族数学的世界。

众所周知，我们文化中的数学起源于数千年前。就像我们的整个文化那样，它的发展也是由来自不同地区的各个民族的思想所推动的。我们的思考方式受苏美尔人、古埃及人、古希腊人、阿拉伯人、印度人和中国人的影响。事实上，学术数学也是如此，其起源也完全是民族数学；也就是说，我们的数学是世界上各类古代文化交流的产物。没有什么东西起源于同一时间或同一地点。

我们需要去做的，就是离开象牙塔去看看发生在各个地方的数学活动，再把那些不总被归入学术世界的元素吸纳进来。关于我们接下来将会看到的图片中的文化内涵，我会给出许多解释，而且其中一些解释从本质上来说都是来自数学的。

位于西班牙卡斯特利翁省莫雷利亚街道上的一个垃圾桶（图片来源：MAP）

在上页图片中有一堵石墙，墙面上被固定了一个金属物，我们可以认出它是一个垃圾桶。总体来看，它是一个底部凸起的圆柱体。沿着这个圆柱体的圆弧有两排用来做装饰的不同类型的孔。靠上和靠下的那排孔分别呈圆形和六边形。这些孔都以固定间隔排列且相互对应，对应的方式是一个圆形对一个六边形。这个垃圾桶上还用粉笔画着一些标记。这些标记共有 7 组，每组都有 4 条平行线和 1 条穿过这些平行线且与它们大概垂直的线段。

通过仔细观察这个垃圾桶，我们可以做出这样一个假设：能够做出这样一种物品的文化肯定拥有一种技术，这种技术能以一种可控的方式用精炼金属铸造东西，还能按照预先确定好的形状和图案在金属上穿孔。这个东西看起来并不是手工制作的，而是机器制造的，从而保证它能够被以精确的尺寸重复生产。另一方面，那些标记看上去应该是用手画上去的。画标记的人肯定至少能把 1 到 5 这几个数字数上 7 次，也就是一共数上 35 次。我们可能永远不知道他们在数什么。不过，还有一种可能，就是这些标记并不是为了计数，而是为了记录一种无意识的节奏，就像我们在听音乐时，会不断用脚在地上轻叩而不去数这个乐曲的节拍或小节一样。在这种情况下，我们记录的只是节奏而已。

但不管怎么说，上面这些内容其实都是基于文化的一致性而做出的陈述。我们认为这是一个垃圾桶，但是，我们是谁？是卡斯特利翁省莫雷利亚的居民。是谁拍了这张照片？西班牙人？欧洲人？马里的图阿雷格人、拉普兰的萨米人或者在菲律宾吕宋岛上种水稻的农民会把它看作一个垃圾桶吗？也许不会。他们最有可能认识的是这个物品的金属性质、它的圆柱形状以及它圆形和六边形的孔。虽然他们用的计量单位和计数方式可能会和我们的有所不同，但他们也会知道如何去计算这些不同类型的孔的数量。这是因为他们是从祖先那里，而不是从学校里学到的数学知识。

6 000 年前的同心圆

西班牙阿尔梅里亚省（Almería）洛斯米利亚雷斯市（Los Millares）发现过史前定居点，考古学家认为这里是伊比利亚半岛南部红铜时代的某个古文化的遗址。在这个地区发现了许多有几何图案装饰的陶器，右图中的碗就是其中的考古发现之一。碗上的同心圆和大小圆弧之间的放射线组成了眼睛的形状，旁边还有几组由平行且等距的线段组成的图案。眼睛似乎是这个民族的象征，因为这种设计在该遗址现场发掘出的大多数文物中都出现过。

在阿尔梅里亚省洛斯米利亚雷斯市发掘出的一只碗（图片来源：José Manuel Benito Álvarez）

下面这张照片需要我们换一种完全不同的研究方式。这张照片拍摄于西班牙格拉纳达地区的古加莱拉人（ancient Galera people）居住的洞穴式房屋的入口处。照片中的这些符号在我们的文化中代表数字。虽然我们没有看到运算符号，但这些数字的排列方式显然和我们在学校学过的手写乘法的竖式计算的布局一致。它是乘法的事实也被计算的结果所证实：150 × 12=1 800。

格拉纳达地区加莱拉镇一个洞穴式房屋的入口处（图片来源：MAP）

下面，我们再来看另一张照片，这张照片显示的是西班牙巴塞罗那市加泰罗尼亚广场酒店的一堵墙。我们在这张照片中又有什么新发现呢？

上面这张照片可能会把我们的思路引向这样一种假设：贴在墙面上的瓷砖实际上是基于一个著名的数学关系而设计的，因为每个正方形的窗户都由两个更小的正方形和两个相等的矩形组成。在三个正方形中，如果用 a 代表最小的那个正方形的边长，b 代表中等大小的那个正方形的边长，那么那两个相等的矩形的面积就都是 $a \times b$，而整个窗户就是一个边长为 $a+b$ 的正方形，从而可以得到：

$$(a+b)^2 = a^2+2ab+b^2$$

另一方面，文化并不是仅仅在设计和建筑方面才能展现其数学思想。显然数学也能够被应用于其他领域，其中最重要的领域如下表所示：

文化成果	
1. 交流	语言，文字，符号，……
2. 信仰	哲学，宇宙观，宗教，仪式，梦的解析，……
3. 环境	辨向，对本地动植物状况的认知，地质情况，……
4. 劳作	农业，畜牧业，打猎，捕鱼，……
5. 技术	工具，手工艺品，武器，单位制，……
6. 建筑	住宅，宗教场所，坟墓，城市建设，……
7. 食物	食品，饮品，烹饪，……
8. 服装	衣服，饰品，……
9. 商业	贸易，经济状况，市场，货币，……
10. 艺术	音乐，舞蹈，文学，绘画，雕塑，……
11. 休闲	游戏，赌博，运动，……
12. 人际关系	社交，亲属关系，……

正如莫桑比克教师保卢斯·格迪斯归纳的那样，许多文化活动中都暗含着数学思想。把这些思想展示出来，就可以使我们理解一个民族或文化的数学。但是，除了这些隐藏的数学思想之外，还会有一些更明显的数学思想。在文化活动进行的时候，我们就可以从活动参与者的思维过程中看出这些显而易见的数学思想。我们会发现，其中一些思想与它们在其中发展的文化密不可分。

要想发现一种文化中的数学思想，必须多管齐下，多角度探索。无论是在数量方面还是形式方面，数学的某些特征都是客观、严谨和精确的。因此，对具有这些特征的文化活动或文化成果进行研究，就可以发现那些本土的数学思想。

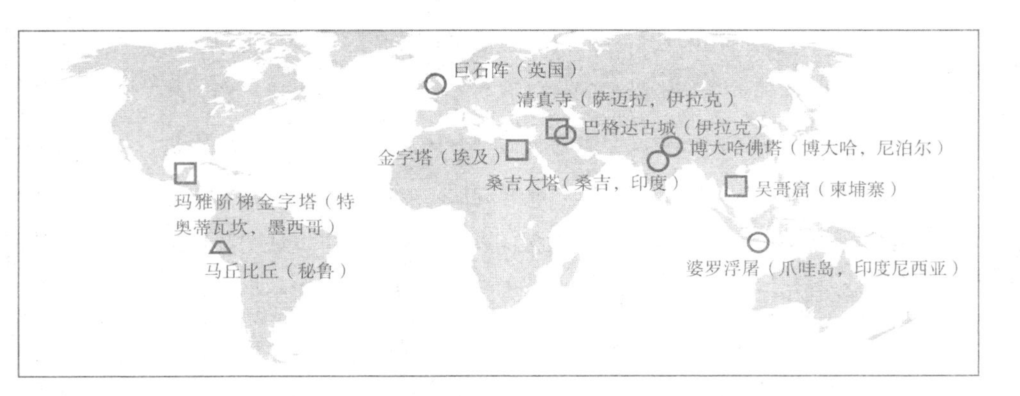

世界范围内一些基于圆形、正方形和梯形而建造的伟大建筑

对这些具有数学特征的文化进行研究的第一批对象就是建筑、工艺、技术、商业和游戏。正如艾伦·毕晓普指出的那样，如果将考虑的重点放在进行这些活动所需要的操作方式上，我们就会发现，出现在所有文化中的数学活动主要有6个方面：计数、测量、辨向、设计、游戏和解释。因此，在那些进行计数、测量、辨向、设计、游戏和解释的地方，我们就有充分的理由认为当地那些从事这类活动的人在运用自己的数学思想，或者至少是在运用他们文化中本民族的数学思想。理解了他们，也就理解了他们的民族数学。

民族数学是一个值得研究的对象吗？或者它不过是用来描述异国风情的奇闻逸事而已？这个问题的答案涉及许多需要考

虑的重要因素。我们将会发现，某些民族数学思想不但有利于传统数学问题的解决，而且对他们文化发展中所遇到的问题的解决也很有帮助，还能使那些学术领域中的其他数学思想得到一种更加透彻的理解。此外，我们必须牢记的是，民族数学并没有得到与学术数学相同的待遇。正如格迪斯等人所注意到的那样，西方殖民主义至少要为大部分民族数学的埋没和民族数学在发展中遇到的困难负一部分责任。

对于什么是数学这个概念，没有什么证据可以证明我们的观点和土生土长的纳瓦霍人、舒阿尔人或毛利人完全一致。或许这些文化缺少一种对什么是数学的分类，而且即使这种分类存在，其特征也可能和我们本民族数学所具有的特征不完全一致。同样的事情也发生在其他的文化表现上。例如，舞蹈可以被某些民族当作祈祷、许愿或者对神灵表达感激的方式，而其他一些民族则将它视为一种艺术表现形式。

谈到民族数学的时候，我们谈论的内容实际上基于我们的文化认为是数学的事物。这种数学最基本的特点是客观、精确、严谨、与数量和几何密切相关。

石头、骨头与泥土

从某些史前民族的数学思想里，我们可以找到数学的源头。当然，要想直接了解克罗马农人、尼安德特人或者他们的祖先的想法是不可能的。我们只能通过研究他们历经时光流逝仍然幸存的蛛丝马迹来推测他们可能会有的数学观念。

2003 年，人们在南非的布隆伯斯洞窟内发现了一块大约 72 000 年前的赭石碎片。这块碎片表面就像下面这张照片所显示的那样被刻上了某种几何图案：

在南非布隆伯斯洞窟内发现的赭石雕刻（图片来源：Chenshilwood）

这个图案有 60 毫米长，最宽处有 20 毫米，其几何性质可以从构成它的两组三角形里看出来，而这两组三角形是通过绘制一系列平行线而得到的。把赭石表面的图案复制出来，就可以让我们更好地了解其几何性质：

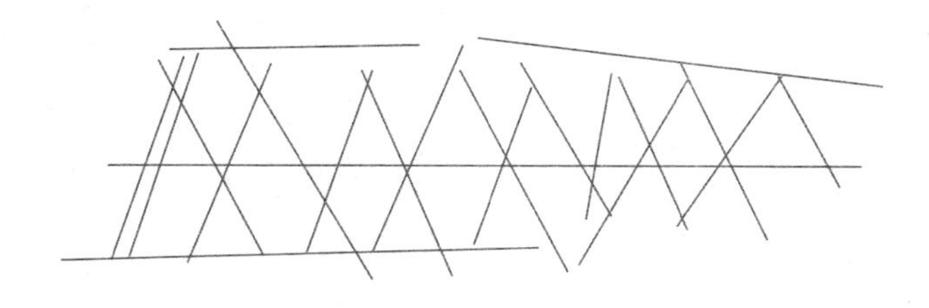

或许是受限于赭石表面材质的不规则和当时不够完善的技术水平，这个图形的创作者未能以足够的严谨和精确刻画出当代人称之为三角网格的图案。

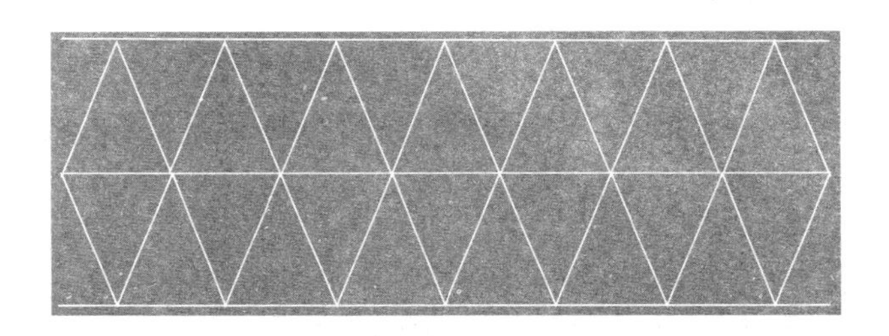

根据组成该图案的线条，他们会声称这些三角形并不是一个个单独画出来的，而是 3 组平行线相交的结果。3 条水平方向的平行线构成了第一组，8 条向左倾斜的平行线构成了第二组，8 条向右倾斜的平行线构成了第三组。

我们永远不会知道创作这幅图案的人的意识中是否有直线、线段、角度、平行和对称的概念。我们也不知道这个被雕刻的图案是不是在表示某种物品或是某个人物的象征或者标志，有哪些实际用途，或者仅仅是因为它是一种令人感兴趣的形状而被创作出来。不过我们可以肯定地得出这样的结论：不管是有意还是无意，雕刻者的目的是创作出一幅包含上述数学思想的作品，而现实中奥秘的难以把握和合适技术手段的缺乏限制了作者的创作手法。但至少可以这样说，我们面对的是一处可以去推测数学思想是否存在的史前遗迹。

下面举一个距离现代更近一些的例子。1960年，考古学家在比利时殖民统治下的刚果（现在的刚果民主共和国）的伊尚戈地区发现了一根大狒狒的骨头。据估计，这根骨头已经存在了两万年之久。最开始，人们以为这根骨头是用来计数的棍棒，因为它上面有一系列以固定间隔刻上去的凹槽，如下图所示：

从两个视角看伊尚戈骨头（资料来源：布鲁塞尔科学博物馆）

这根骨头包含3列分组标记，如下所示：

列A：11+13+17+19=60

列B：3+6+4+8+10+5+5+7=48

列C：11+21+19+9=60

列A所代表的数字刚好包含了10~20的所有质数，这些质数之和是60。而60是一个在15 000年后会在两河流域美索不达米亚文化的数字系统中起非常重要的基础作用的数字。

数字 60 之所以非常有用，是因为它有 12 个因数——1、2、3、4、5、6、10、12、15、20、30、60，其中包括前 6 个自然数。列 B 则包括一系列互为倍数和因数的数字：3 与 6，4 与 8，5 与 10，并以 7 结尾，而 7 与前一个数字 5 的和为 12，又刚好是列 B 所有数字之和 48 的因数。列 C 包含了一系列奇数，虽然这些奇数并不全是质数，但其和也为 60。

上述 3 列凹槽所代表的数字之和分别为 60、48 和 60，这只是一种巧合吗？这是否意味着那些刻出这些凹槽的人已经知道了倍数和因数的思想，能够清楚地表述出 3 和 6、4 和 8、5 和 10 这些成对的数字？在 3、5、7、11、13 和 19 这个例子中，我们能得出结论说他们也有了不可整除或质数的思想吗？以上这些问题是很难回答的，尤其当我们考虑到这根骨头上的凹槽并不都具有相同的长度，而且还有些凹槽不是连续的时候。那些中间有间断的线段是代表一个还是两个单位？或者它们只是错误雕刻的结果而已？

当时的人已经在标记和其所对应的对象之间建立了一一对应关系，这也许是我们可以从伊尚戈骨头上的标记中所能得到的最可信的数学方面的结论，而这种关系构成了计数的基础。

这与南非布隆伯斯洞窟内的赭石雕刻有着本质区别。伊尚戈骨头上的标记所展现出来的思想在本质上不是几何的，而是数字的。相比之下，布隆伯斯洞窟赭石雕刻上的图案的精神实质却是相反的：是几何的，而非数字的。

在南非布隆伯斯洞窟赭石雕刻和刚果伊尚戈骨头出现许多

年之后，人们发现欧洲大陆上有一种独特的建筑结构，它既涉及几何，又与数字相关。那就是巨石阵遗址，即矗立在英国索尔兹伯里平原上的直立石柱群。巨石阵的总体结构呈圆形，由不同高度的石柱构成，这些石柱排成了 4 个同心圆。它被认为是一种非常复杂的巨石建筑，因为要想建造这样一项大型工程，既需要把巨石竖立起来，又得把石楣梁放在石柱上进行组合。

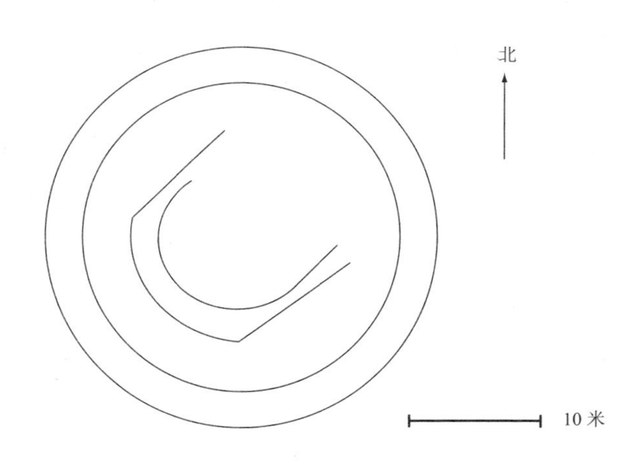

呈同心圆形状的巨石阵俯视图

巨石阵遗址最外一圈的直径有 30 米，由几块呈直棱柱形的巨型石柱组成。这些石柱的顶端在建造之初被放上了石楣梁，从而形成一种封闭结构。再往里一圈由更小一些的石头组成，里面包围着一个一端不封闭的呈马蹄形结构的石柱群。这些石柱再往里放置了用来当作祭坛的石板。整个遗址周围还环绕着一条直径刚刚超过 100 米的圆形壕沟，这条壕沟在公元前

2500 年左右被挖掘出来，尽管壕沟最古老的部分可以追溯到公元前 3100 年。

然而这座建筑物的用途至今仍无人知晓，人们只能猜测它最有可能的三个功能是宗教场所、墓葬遗址或天文观测台。另外值得一提的是在夏至这天，太阳会沿着巨石阵的中轴线升起，还会在同一天消失在巨木阵的中轴线上。巨木阵是一处靠近巨石阵的遗址，人们在那里发现了许多动物骨头和其他物品，这表明它可能是一处举行宗教庆祝仪式或进行祖先崇拜的场所。

巨石阵呈圆形，与我们到目前为止讨论过的几何形状都不同。但它其实和本书之前举的例子仍有相同之处，因为其结构仍基于一系列重复的图案，而这又成为其建筑的特征。布隆伯斯洞窟内的赭石雕刻基于重复的三角形，伊尚戈骨头基于等距的凹槽标记，而巨石阵则基于重复的圆形，并且这种重复又由于同心的特点而强化了其结构的秩序感。

如果想探索得更深入一些的话，我们可以基于巨石阵的两个同心圆直径（大约 30 米和 24 米）的比例来做出假设：

$$\frac{30\text{ 米}}{24\text{ 米}}=\frac{5}{4}=1.25$$

但是，对这两个圆进行精确一些的测量可以得到其直径应该分别是 30.4 米和 24.1 米，因此这个比例应该是：

$$\frac{30.4\text{ 米}}{24.1\text{ 米}} \approx 1.26 \approx \sqrt[3]{2} = 1.259921...$$

考虑到 1.26 已经非常接近$\sqrt[3]{2}$的精确值，我们是否应该得出结论，说那些建造了巨石阵的人已经知道了比例的数学思想，并且是根据$\sqrt[3]{2}$搭建了这两个同心圆呢？这个问题的答案恐怕是否定的，因为并没有证据来支持这个假设。

关于巨石阵遗址，有三个方面需要指出：它的几何结构基于同心圆，它与天文学有关，它是由一个重视几何严谨性的文化建造的。

远在巨石阵建成之前，两河流域的古巴比伦人就将他们的思想记在了泥板上。虽然这些泥板上的标记就其本质而言仍是雕刻和几何图形，但它们还是被归类为文字。从此我们对美索不达米亚地区古代居民所作所为的了解就不仅仅是假设和直觉，还基于对他们所记录内容的解读。

在同一地区，大约在 5 000 年以前，苏美尔文化开始用表意文字去书写其语言。随着时间的流逝，这些文字也不断完善，并最终在大约 1 000 年后形成了现在所说的楔形文字。这种书写形式被其他民族采用，并最终发展成为古波斯的字母表。

这套书写系统的文字共有 2 000 个左右，并在随后一段时间内缩减为约 600 个，且大部分已经被破译出来。下面这张图显示的就是用楔形文字书写的前 59 个自然数，这表明古巴比伦数字系统已经在采用逢十进一的逻辑。

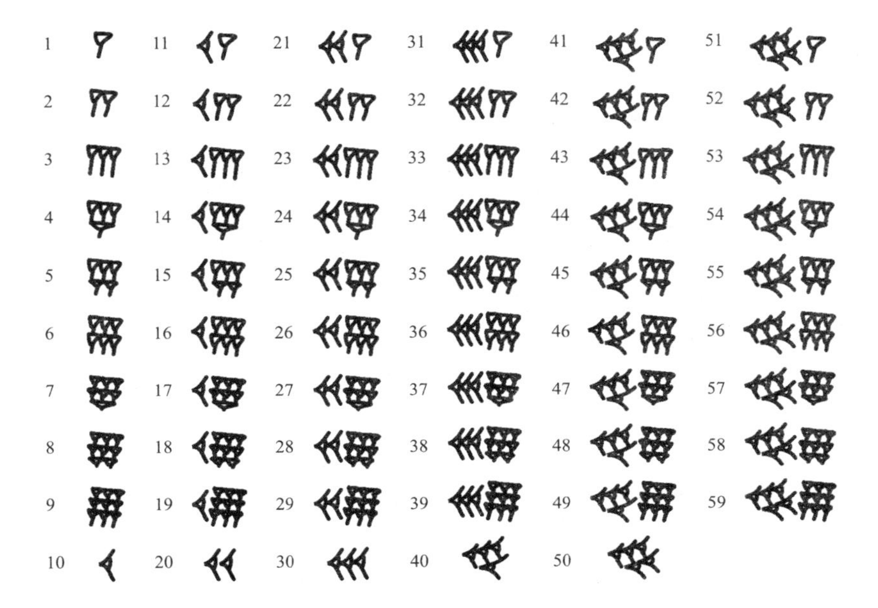

古巴比伦六十进位制数字系统符号表

然而，巴比伦数字系统还包含了比十进位制更多的内容，例如编号为 YBC 729 的小泥板上就出现了一个正方形和它的两条对角线。这块小泥板与其他出土的泥板一起，共同表明巴比伦人不仅仅将数字用于计数。

这些与图形画在一起的数字可能代表它们旁边线段的长度。但是数字 42、25 和 35 看起来离正方形的边长和对角线的长度差得很远。数字 30、1、24、51、10、42、25 和 35 之间有什么关系呢？这些数字源自何处？

编号为 YBC 729 的古巴比伦泥板

假设边长 c 代表 30 个长度单位，我们就可以算出对角线 D 的长度是：

$$D = 30 \cdot \sqrt{2} = 42.4264068...$$

这就得到了其中一个数字：42。然而古巴比伦人使用的是六十进位制计数系统，因此我们得把这个数转化为六十进位，用一个计算器可以很轻易地做到这一点：

$$30 \cdot \sqrt{2} \rightarrow 42^{\circ}\,25'35.06''$$

至此，42、25 和 35 就都出现了。现在，我们可以毫不夸张地说，那些或主动或奉命镌刻泥板的人知道怎么去算边长为 30 个长度单位的正方形的对角线长度，并且把 42°25'35" 这个相当精确的结果以六十进位制的形式写在了泥板上。

但是，我们还得去解释数字 1、24、51 和 10。它会是正方形对角线与边长相除得到的商吗？让我们用六十进位制来算一下：

$$\frac{D}{c} = \sqrt{2} \rightarrow 1^\circ 24'51.17''$$

因此，在六十进位制下，沿对角线上方刻的这几个数字实际上是$\sqrt{2}$ 的近似值。这也证实了我们的如下假设：古巴比伦人掌握了几何知识，虽然他们没有提出过毕达哥拉斯定理，但仍能计算出正方形对角线的长度，虽然仅凭这块泥板我们无法推断出他们是怎么得到这些结论的。根据另外一块编号为普林顿 322 的泥板上镌刻的内容，古巴比伦人已经知道了毕达哥拉斯三元数组，并计算出了它们之间的比例。换句话说，他们已经意识到了三条边长均为整数的直角三角形的存在，并算出了其三角比（例如正切或余割）。但是这不能说明他们已经了解了毕达哥拉斯定理，更别说对它的证明了。那么，他们究竟是怎么得到上述结果的呢？他们有没有可能使用了一种迭代的方法使计算结果相当精确地收敛于$\sqrt{2}$ 的近似值？

巴比伦数字系统存在的一个问题是它缺少代表 0 的符号。

那么，巴比伦人是怎么区分 106 和 16 的呢？一开始，他们在应该是 0 的地方留了一个空格。但问题依然存在：怎么区分有 3 个 0 的数（例如 10 006）和有 2 个 0 的数（例如 1 006）呢？巴比伦人后来使用分隔符解决了这个问题，但这也使计算变得更为复杂。

金字塔与纸莎草纸

在巨石阵被修建好的 1 500 年前，也就是在泥板被刻上楔形文字的约 1 000 年前，埃及人就建成了金字塔。

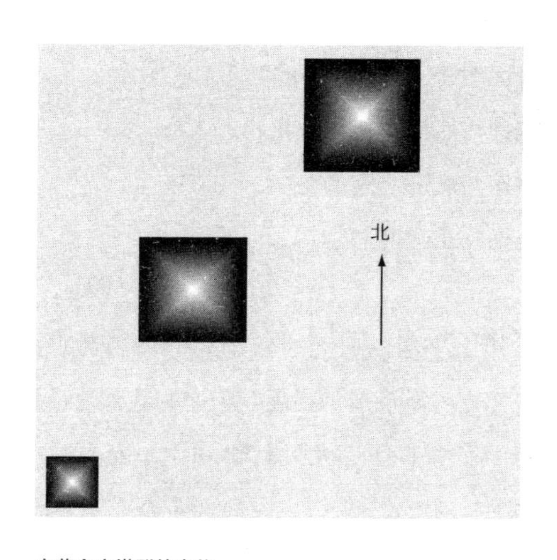

吉萨金字塔群的方位

也许我们永远不会知道金字塔修建的全部秘密，但是它们的形状、方位和尺寸都表明了它们与数学思想的关联。金字塔是法老安息的陵墓，作为埃及的统治者，他对治下的人民拥有全面而绝对的权力。

最古老的金字塔位于塞加拉，呈阶梯形，于公元前2700年左右由建筑师伊姆荷特普为安葬法老左赛王而设计。500年后，分别为法老胡夫、哈夫拉和孟卡拉而建造的三座大金字塔群出现在吉萨谷（现在的开罗附近）。胡夫金字塔的主要特征如下：

形状：底面为正方形的四棱锥形

侧面：等腰三角形

高度：约147米

底面边长：约230米

侧面与底面之间的倾角：约52°

侧棱与底面之间的夹角：约42°

方向：正南北向

只要给出金字塔的底面边长和高，我们就能算出侧面还有侧棱与底面之间所形成的角度。但是，我们之所以能做到这些，是因为我们掌握了三角几何学知识，而当时的古埃及人并不知道这些。那么，他们是如何确定金字塔的形状和大小的呢？

接下来，让我们尝试解决下面三个与吉萨金字塔相关的数学问题：

1. 石块是如何被打磨成直棱柱的？

2. 金字塔正方形底面的直角是怎样被标记在地面上的？

3. 应该怎样搭建才能让金字塔的三角形侧面与底面之间呈约 52° 角？

要想把一块不规则的石头打磨成直棱柱，首先得在这块石头上标出一条直线。为了做到这一点，从事这项工作的工匠会把一根浸透了墨汁的绳子紧紧地绑在石头上，然后拨一下绳子，一条线就会沿着这条绳子的方向出现在石头粗糙的表面上，再借助一根木杆，工匠用眼睛就能检测出它是否保持了平直。然后他们会在石头的另一端重复这个过程，同时靠目测确保两条被标出的直线保持平行。这些工作完成之后，我们就为做出这块石头的第一个平面打好了基础。直到今天，仍然有一些施工人员靠目测来校正直线，并认为这种方式比用绷紧的墨线更准确。

接着工匠们就可以使用三角板作为辅助手段去打造石头的其他侧面，直到整个工作全部完成。这份工作一点儿也不轻松，而且如果缺乏正确的专业知识，石头到最后可能只有原先的一半大。那么，我们可能会提出疑问：工匠们是如何制造出三角板的？他们用什么方式保证三角板的相邻两边是相互垂直的？这就引出了第二个问题：怎样在地面上画出直角。埃及人是怎么在 5 000 多年前构造出一个直角的？边长分别为 3 米、4 米和 5 米的三角形又被称为埃及三角形，据说在法老时代，它就被用来确定直角了。直到现在，世界上仍有许多地区（包括西班牙、阿根廷和瑞典）出于相同的目的在日常生活中使用它，虽然三角形的尺寸可能会等比例变小，例如 30 厘米、40 厘米和 50 厘米。这可能就是用来确定胡夫金字塔底面 4 个直角的方法。

另外一种可能的方法是使用欧几里得几何原理。欧几里得生活的年代距金字塔建成已经过去了很久——大约在 2 000 年以后，但在他给出证明之前，画出一条垂直于线段的直线的想法就已经存在许多年了。欧几里得定理的思想也是如此。事实上，在大约 4 000 年前，古埃及人就能在金字塔的底面上以一点 P 为顶点画出直角。他们会沿着底面上一条边的方向画一条直线 r 使之经过点 P，然后在直线 r 上画出与点 P 等距的两个点 Q 和 Q'（可以用一条绳子做到这一点）；最后，他们会分别以点 Q 和 Q' 为圆心，同一条绳子的同一段长度为半径（当然这个长度也可以换成其他值）画 2 个圆弧，使之相交于直线 r 的垂线 r' 上，如下图所示：

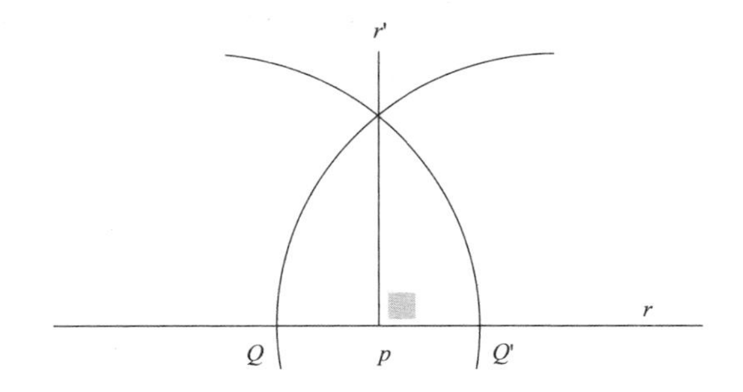

但是，其他一些建筑专家认为另一种方法更有可能，彼得·霍奇斯（Peter Hodges）就是其中之一，他曾仔细研究过古埃及人使用的方法。理由之一是在古埃及时，直角占主导地位，而圆弧很少被使用。在之后的漫长岁月里，埃及建筑物一直保持着矩形。

这种观点认为直角可能是用下面的方式构建出来的：首先，像上面那种方法一样，先穿过将要作为正方形底面顶点的点 P 画一条直线，并在直线上标出两个与点 P 距离相等的点 Q 和 Q'；然后以 P 为端点拉一条绳子 s，并在绳子上标出一点 R；当线段 RQ 与 RQ' 长度相等时，绳子 s 就与直线 r 垂直了。换句话说，这时下图中的角 α 就是一个直角。

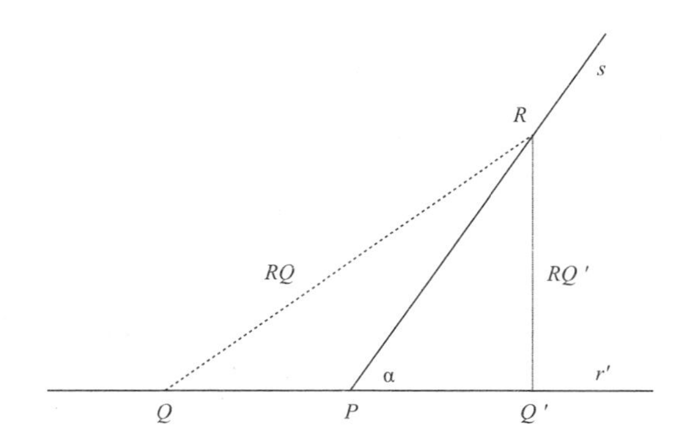

这个思路依据的几何性质是：如果三角形 RQQ' 是等腰三角形的话，那么其底边上的中线 PR 就是它的高。

最后，埃及人是怎样以 52° 的倾角修建出金字塔的侧面呢？关于这个问题，我们在这里不会一步步地进行详细的文字性解答。我虽然会用现代人的数学语言回答这个问题，但思想实质上和古埃及人一样，都是怎么确定侧面的倾角。正如专家们指出的那样，倾角与高度和底面边长的关系要比某个特定角度紧密得多。考虑到倾角的正切恰好由这两个长度确定，则有：

$$\tan 52^\circ = 1.2799... \approx 1.28 \approx \frac{147\text{ 米}}{115\text{ 米}} = \frac{\text{金字塔高度}}{\text{底面边长的一半}}$$

这是否意味着胡夫金字塔被修建时，埃及人就知道侧面会呈现出这个角度？也许最重要的是侧棱与底面的夹角是 42°：

$$\tan 42^\circ = 0.90040404... \approx 0.90 \approx \frac{147\text{ 米}}{162.6\text{ 米}} = \frac{\text{金字塔高度}}{\text{底面对角线长度的一半}}$$

不过，如果事实确实如此的话，为什么出现在金字塔上的是这个角度而不是其他角度？这些数字和埃及当时的度量单位有关吗？它们是指尺、掌尺或肘尺[①]的倍数吗？这似乎很难说清楚，因为埃及度量单位的具体换算方法会随着时间的推移发生变化。例如，用于胡夫金字塔的埃及钦定肘尺是 52.4 厘米，

① 肘尺（cubit）是古埃及的长度单位，是从中指指尖到手肘的距离。最常见的肘尺有两种：官方确定的钦定肘尺和民间的短肘尺。它们与更小的长度单位掌尺（palm）和指尺（finger）的换算关系是：1钦定肘尺=7掌尺=28指尺；1短肘尺=6掌尺=24指尺。

但在随后的几千年中，其他肘尺的长度从 31.6 厘米到 51 厘米不等。用钦定肘尺来度量的话，胡夫金字塔的高度是 280 肘尺，底面边长是 440 肘尺，二者之间的比例是 7/11。

到现在为止，为什么会有这个比例，仍是个谜。但我们可以肯定的是，在大金字塔群被修建之时，古埃及人就已经发展出严谨的数学知识和方法，用于绘制直线、平行线和垂线。那些非凡的遗迹就是最坚实的证据。幸运的是，人们还发现了纸莎草纸，这让我们确信埃及人能够解决数学问题。

古埃及文化拥有一个象形文字体系，法老陵墓的墙壁上有很多这样的书写痕迹。随着时间的流逝，这些文字符号逐渐转化为一种更具有象征性的文字类型：僧侣体。等发展到大金字塔群时代末期，它已经被用来记录古埃及文化和生活的多个方面。也就是说，古埃及人在纸莎草纸上书写和记录他们的文化和生活。正因为有它们，我们才能知道古埃及人使用十进位制计数法，并且使用单位分数[①]来解决几何和计算问题。

在所有经时光洗礼残存下来的纸莎草纸中，有一张纸莎草纸因其重要的数学内容而格外引人注目。它就是于 19 世纪下半叶在底比斯、离拉美西斯二世陵墓不远的地方发现的莱因德纸草书（Rhind papyrus)，又被称为阿默斯纸草书（Ahmes papyrus），是以它的抄写员的名字命名的。阿默斯声称他抄写的是一本不知姓名的某个作者或若干作者共同完成的古老著

① 单位分数即分子是1，分母是大于等于2的自然数的分数。——译者注

作。阿默斯抄本的时代大约是在公元前 1600 年，而最初的版本可能还要再往前追溯 300 年左右。

莱因德纸草书包括 87 个数学问题，前 6 个问题涉及除数是 10 的除法问题，还有 16 个问题涉及分数的加法问题，18 个问题涉及表格和方程，8 个问题涉及分配，14 个问题涉及计算棱柱和截四棱锥的体积，5 个问题涉及计算土地面积和圆柱体的体积，还有 15 个问题与经济相关。这份纸草书的写作形式几乎与现代数学相同，甚至就好像来自现代无论处于哪种教育水平的学生的数学笔记本。

埃及人也会建造圆柱形谷仓，并基于其底面面积计算整个谷仓的体积。他们计算圆的面积的方法是“减去直径的 1/9，然后将结果平方”。

莱因德纸草书中的问题 41 是要计算一个高 10 肘尺、直径

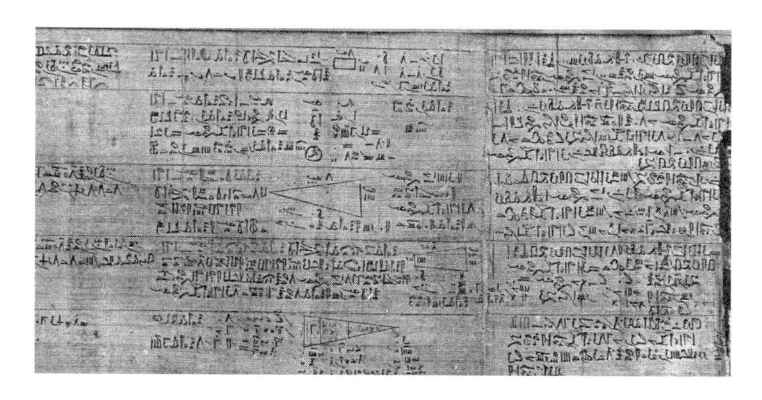

莱因德纸草书，最古老且保存最完好的数学文献之一

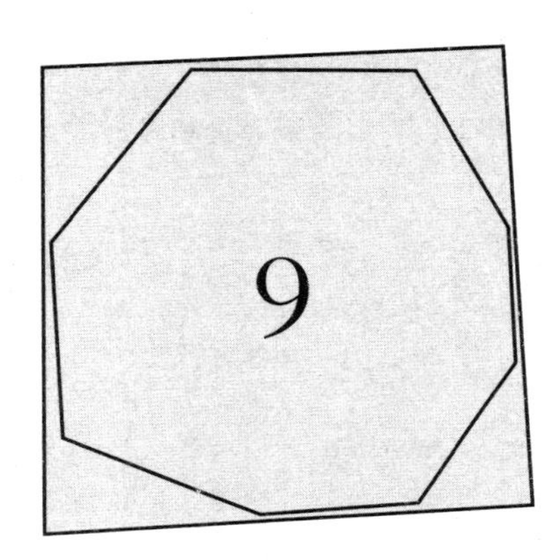

莱因德纸草书问题 41 图解

9 肘尺的圆柱形谷仓的体积。体积的最终结果是由底面面积乘以高得到的。上面所说的埃及人的方法被运用于这个计算过程中。9 肘尺的 1/9 是 1 肘尺，二者之差是 8 肘尺，平方后的结果是 64 平方肘尺，再乘以 10 肘尺，最终结果是 640 立方肘尺。另一方面，用现在的方法计算出来的精确结果是：

$$V=\pi\cdot\left(\frac{D}{2}\right)^2\cdot h=\pi\cdot(4.5c)^2\cdot 10c\approx 636.1725...c^3$$

埃及人计算出来的近似值与之相比只不过多了 0.6%，这与他们所用的 π 的取值有关，这也是其方法中唯一与现代的数学计算方法不同的地方。一些历史学家非常重视这种计算圆面积的方式，因为其中暗含着数字 π。如果将古埃及人的数学方法中隐含的公式和我们现在计算圆面积的公式相比较，联立等式可得他们所用的圆周长和直径之比（也就是π）为3.16：

$$\left.\begin{array}{r} A_E=\left(D-\dfrac{1}{9}\cdot D\right)^2=\left(\dfrac{8D}{9}\right)^2=\dfrac{64D^2}{81} \\ A_C=\pi r^2=\pi\left(\dfrac{D}{2}\right)^2=\pi\dfrac{D^2}{4} \end{array}\right\} \Leftrightarrow \pi=\frac{4\cdot 64}{81}\approx 3.16$$

但是，这里仍有两个问题需要引起注意，甚至它们比得到更精确的π的小数部分更为重要。一方面，古埃及人使用将底面面积和高相乘的方法来理解和量化体积；但另一方面，他们是怎么得到这个公式的？是哪种未被纸莎草纸记载的思想引导他们得到了这个公式？一种假设认为古埃及人计算圆面积的方法与内接于边长为9的正方形的不规则八边形的面积有关。

在寻找与圆的面积相近的矩形的过程中，显然内接的正方形太小，而外切的正方形又太大，两者的算术平均值也不能很好地估算出圆的实际面积。在古埃及和古美索不达米亚，数百年间，都认为π的值是3。但是，只要量量一个轮子转动一周行驶的距离再除以它的直径，人们就会知道π明显要比3大。

因为面积与长度不同，不能直接靠测量得出，另一种解决方案是画一个圆，测量出它的周长，然后再将测量结果与计算结果进行比较。测量周长应该用什么公式呢？用一个圆的内接和外切正方形的周长进行算术平均来计算圆的周长是否合理？

也许是吧。但是，这会引出另一个问题：在不知道勾股定理的情况下，计算圆的内接正方形的周长是不可能的。

一种假设是构建一个不规则八边形去接近圆形。为了做到这一点，边长为 9 个度量单位的正方形的 4 条边先被分割为 3 等份，然后将每条边上的两个分割点连起来，这样就构成了一个不规则八边形，而且其面积看起来和圆相差无几：

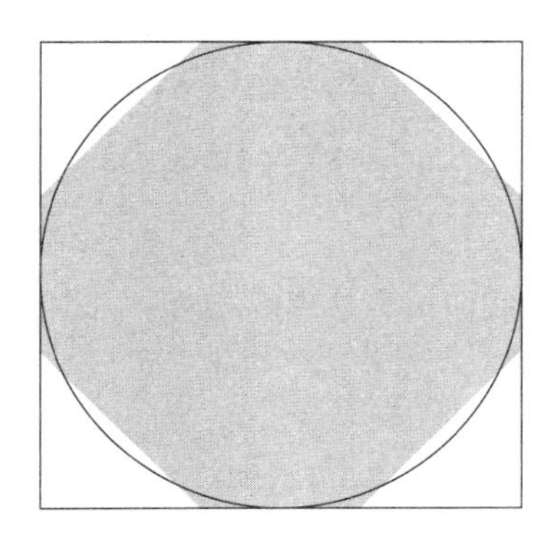

上图中圆的面积是 63.6 个度量单位的平方，不规则八边形的面积只比这个数字少了不到 1%：

$$A_8=9^2-4\cdot\frac{1}{2}\cdot3^2=81-18=63u^2$$

另一个假设与莱因德纸草书中的问题 50 有关。在这个假设中，直径为 9 个度量单位的圆被认为和边长为 8 个度量单位的正方形面积相同。而且，我们还能从问题 48 中找到支持这一假设的论据。问题 48 中有一幅示意图，图中一个不规则多边形内接于一个正方形。数字 8 被写于两个图形的中心，但图形看起来画得很不精确。并且这个内接的多边形有 7 条，而不是 8 条边！另外，多边形的一条边与正方形的另一条边并不完全重合。先不讨论这些，咱们还是先说说为什么古埃及人会认为直径为 9 的圆与一个边长为 8 的正方形面积相等。

从现在的观点来看，这两个面积非常接近：

$$A_{\bigcirc} = \pi \cdot 4.5^2 = 63.617...u^2$$

$$A_{\square} = 8^2 = 64u^2$$

从下图中，我们很容易理解这两个面积几乎相等的图形特性：

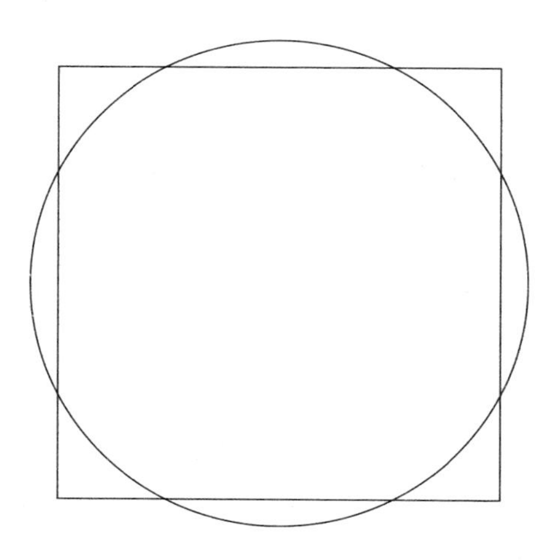

根据罗宾斯（Robins）和舒特（Shute）的观点，答案可能就在于圆的直径与正方形的边长有关。将正方形的一个顶点与一条边的中点相连，就能得到一个斜边为 $\sqrt{80}$ 的直角三角形。这个值与圆的直径 $\sqrt{81}=9$ 非常接近：

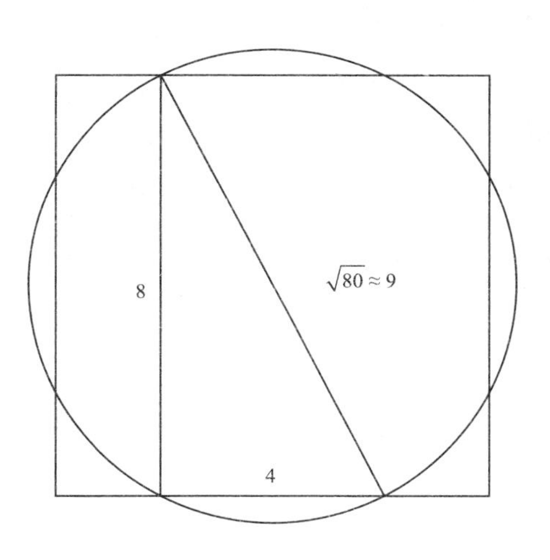

关于最后一个估计有个令人好奇的地方，如果把 9 当作直角边（短边）分别为 8 和 4 的直角三角形的斜边长（也是圆的直径）的话，与正确的斜边长 $\sqrt{80}$ 的直角三角形相比，正方形计算出来的面积更接近前者，即 64 比 62.83 更接近 63.617：

不正确的斜边：$8^2 = 64u^2$

精确值：$\pi \cdot 4.5^2 = 63.617...u^2$

正确的斜边：$\pi \cdot \left(\frac{\sqrt{80}}{2}\right)^2 = 62.8318...u^2$

无论如何，与前述不规则八边形的例子相比，使用 64 个度量单位的平方来代替直径为 9 个度量单位的圆，其误差要比用 63 个度量单位的平方小。

用边长为 9 个度量单位的正方形来进行类似步骤真的不奇怪吗？为什么不用边长为 3 个、6 个或 12 个度量单位的正方形这么做？如果最开始那个正方形的边长是 3 个度量单位的话，内接于它的不规则八边形的面积就是 7 个度量单位的平方，那样就不可能找到一个与其面积相当且边长不为无理数的正方形，即使是最接近的面积为 4 或 9 个度量单位的平方的正方形都相差太远了。另一方面，如果正方形的边长是 3 的倍数则是可以的。但是，这个倍数应该是多少呢？一个边长为 $3x$ 的正方形的内接圆（A_0）与相应的不规则八边形（A_8）的面积之比是：

$$\frac{A_{\bigcirc}}{A_8}=\frac{\pi\left(\frac{3x}{2}\right)^2}{7x^2}=\frac{9\pi}{28}\approx 1.01$$

可以看出，这两个数值极为接近。想找到一个面积与不规则八边形相等的正方形其实就是要找到一个数字 c，使得 $c^2=7x^2$。当 c 是整数时，这显然是不可能的，不过为其找一个近似值让 $c\approx x\sqrt{7}$ 还是可以的，例如当 x=3 时，c=8。这正是埃及人所使用的数值，并且结果也很相近：$7x^2=63$，$c^2=64$。

雷伊・帕斯特（Rey Pastor）和巴比尼（Babini）则认为古

埃及人的方法源于他们运用单位分数进行计算的技巧。如果这种方法包括了减去直径的 1/9 的步骤，我们就必须问问，当 n 为自然数时，n 是多少能使得这个数正好是与圆的面积相等的正方形的边长。假设圆的直径 D=1，将其减去分数 $1/n$，然后将结果平方并使其与直径为 1 的圆面积相等，就可以算出数值 n，可以看出它与 9 非常接近：

$$\pi \cdot \left(\frac{1}{2}\right)^2 = \left(1-\frac{1}{n}\right)^2 \Leftrightarrow \sqrt{\pi} \cdot \frac{1}{2} = 1-\frac{1}{n} \Leftrightarrow n = \frac{2}{2-\sqrt{\pi}} \approx 8.789...$$

以大写字母 M 为开头的单词：数学（Mathematics）

我们现在所知道的数学方法有很大一部分直接来源于欧几里得《几何原本》中所述的思想方法。这部著作不仅记载了相关问题及其解法，还展现了一种数学思维方式，这种思维方式的基础直到 20 世纪上半叶才被伯特兰・罗素动摇。证明过程中反证法的使用就是体现这部著作哲学性和逻辑性的一个例子。

批评者们在《几何原本》的第一行就找出了问题。这本书的第一行给“点”下的定义是“点是没有部分的”。而现在，点则被定义为仿射空间或拓扑空间中的一个元素。另一方面，《几何原本》的第一个命题也遭到了批评；这个命题描述了如何构建一个等边三角形，并经常作为范例来解释欧几里得的方法，即首先陈述一个定理，然后用业已建立的公理去证明。同样的步骤可能也被古埃及人用在地面上标出金字塔直角的过程中。

命题 1 解释了如何根据一条线段来构建一个等边三角形。我们先画一条线段 AB，然后用圆规以 A 为圆心、以 AB 为半径画一个圆，再以 B 为圆心重复这个过程，使得两个圆相交于点 P 和点 Q，并且这两个点到点 A 和点 B 的距离都相等。因此三角形 ABP 和 ABQ 就都是等边三角形。

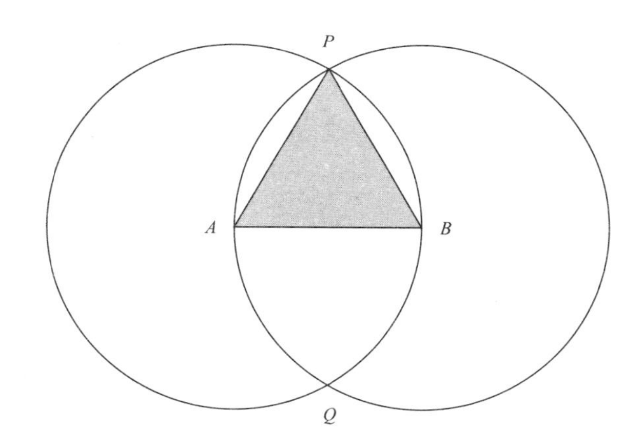

但现在有批评指出，这个证明过程其实是以线的连续公理为前提的，而这个公理并未包含在欧几里得的公理体系中，因此也就不能保证这两个圆将相交于某点。

因此，《几何原本》并不是什么“字字珠玑的数学著作”，它不过是一种汇集和表述了某个时代知识的文化产物，这种知识的源头甚至可以追溯到不同的文化。现在甚至还有人声称它教会了我们用数学思维思考，但是数学思维可不仅仅是公理、定理与证明的三位一体。

事实上，数学思维还有其他形式。虽然《几何原本》包括如何找出两个自然数的最大公约数等与算法有关的内容，但我们还是不能断言算法的思想真正构成了这部著作数学思想的一部分。在这本书关于代数的内容中，没有一个问题是通过用迭代法使结果收敛于最终答案的方式解决的。这些思想晚些时候才出现，并且成为中国、阿拉伯和印度文化的特征。可能是欧几里得同时代人的欧多克索斯曾致力于这方面思想的研究，但他的成果并没有出现在《几何原本》中。生活在欧几里得时代一个世纪之后的阿基米德，被认为可能是那个时代第一个用逐次逼近近似值的方法求得圆面积精确值的人。在阿基米德之前，欧多克索斯在这个领域也取得了一些成果，而且不断逼近并控制其收敛的方法在约 2 000 年后促成微积分诞生。不过话说回来，欧几里得是否会把微积分当作一种数学计算过程或数学思想，其实也很难说。

伯特兰·罗素则走得更远，他声称数学能够从逻辑学中演绎出来。不过，数学能从逻辑学中演绎出来这个事实并不意味着逻辑学就是数学的本质。我们每天都会做许多合乎逻辑的决定，但这些决定并不完全基于逻辑学。使我们做决定的原因有很多，包括逻辑学，但很多决定是基于经验、直觉、模仿和建议等数不清的原因，这些原因都能被事后的理性思考验证。但是，这不是我们思考的唯一方式。与之相似的是，无论是数学思想还是数学的发展，都不能简单地归因于逻辑学。

逐次逼近

《绳法经》（*Shulba Sutras*）是印度吠陀时代（公元前 8 世纪—公元前 2 世纪）遗留下来的唯一的数学文献。其内容包括一份关于如何在家里精确地搭建一个用来拜神的方形或圆形祭坛的指南。然而，在公共宗教活动中，祭坛必须搭建得更复杂些，是由三角形、菱形和梯形组合在一起构成的。其中一种祭坛由这些基本的多边形组合成鸟的形状，也许是希望在这样一个祭坛上奉献的祭品能够使灵魂升入天堂。

其中一个问题是：怎样才能搭建一个祭坛，使其面积是另一个现有祭坛面积的两倍？这是一个简单的几何问题，可以分别用图示法和数值法解决。其中的数值法对确定建造祭坛所需的施工材料非常重要。图示法非常直观。只需以现有的正方形的对角线为边再画一个正方形，其面积就是原来正方形一半面积的 4 倍。

数值解法涉及勾股定理的应用或者说如何才能得到 2 的平方根。换句话说，边长 x 应该是多少，才能使得正方形面积是另一个边长为 c 的正方形的 2 倍？让我们看看：

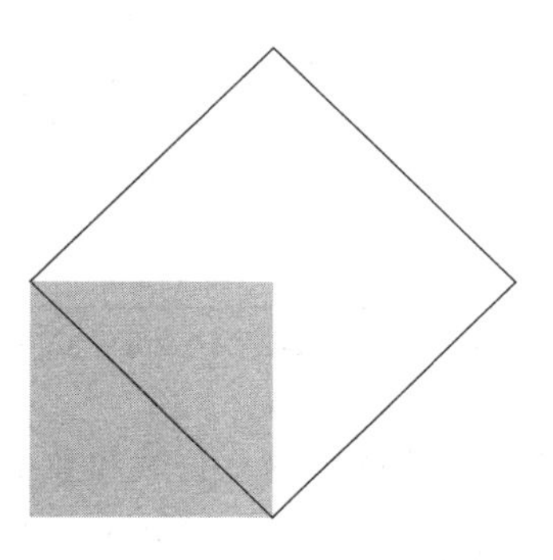

$$\left.\begin{array}{l}\text{区域 } c \text{ 的平方：} c^2 \\ \text{区域 } x \text{ 的平方：} x^2\end{array}\right\} \Rightarrow x^2 = 2c^2 \Rightarrow x = c \cdot \sqrt{2}$$

《绳法经》包括关于如何使用一种逐次逼近的算法去得到2的平方根的指引。其计算步骤如下：先在边长上加三分之一边长，再加三分之一边长的四分之一，最后再减去三分之一边长的四分之一的1/34。也就是说，设我们想要面积加倍的那个正方形的边长为 c：

$$c+\frac{1}{3}\cdot c+\frac{1}{4}\cdot\frac{1}{3}\cdot c-\frac{1}{34}\cdot\frac{1}{3}\cdot\frac{1}{4}\cdot c$$

如果对这个计算过程进行总结，会发现其结果非常接近2的平方根，前5位小数与正确值完全相同：

$$1+\frac{1}{3}+\frac{1}{12}-\frac{1}{408}=1.41421568...$$

随后在 15 世纪，又有两个数字被加到这个近似值中，使其精确到小数点后 7 位：

$$\frac{-1}{3\cdot 4\cdot 34\cdot 33}+\frac{1}{3\cdot 4\cdot 34\cdot 34}$$

《绳法经》并没有说明这些分数和数字 34 源自哪里。正如许多其他数学著作一样，只有结果被记录下来，但引导解题思路的创造性过程却湮没无闻。一种假设声称印度这种求 2 的平方根的算法基于古巴比伦人曾用过的计算过程。之前我们已经了解到古巴比伦人以令人惊异的精度算出了正方形对角线的长度，但是找不到证据来阐明其方法，甚至连这种方法是代数的还是几何的都不知道。

数学家们究竟怎么设想出一个充满创造性过程的理论，从而解决问题的呢？我们会发现自己将不得不想象一条虚拟的道路，道路的源头正是解决问题的那个人的旅途终点。要想了解《绳法经》中解题方法的作者的思想，其实就意味着给其中涉及的分数和数字以意义。

活跃于 20 世纪早期的印度数学家达塔（Datta）提出了一个似乎言之有理的理论。首先，我们认为这个近似值是由下列以正方形边长为首项的数列得到的：

$$\{1,\ 1.33333,\ 1.41467,\ 1.4142157,\ 1.4142135\}\rightarrow\sqrt{2}$$

对于边长为 1 个度量单位的正方形来说，面积显然是 1 个度量单位的平方。考虑到第一步加上了 1/3 的情况，我们将正方形一分为三，得到了 3 个面积相等的矩形。设 A 和 B 为前 2 个矩形，然后把第三个矩形分为 3 个大小相等的正方形。设 C 为最上面的那个小正方形，再把它下面的两个小正方形都分成 4 个相等的部分，就得到了下列图形：

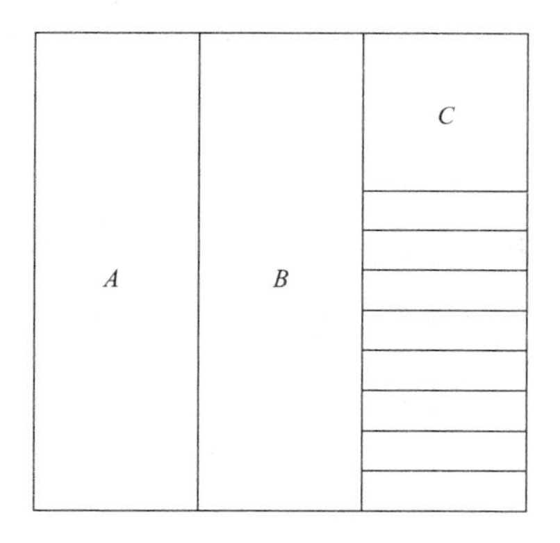

现在就有了 11 个矩形（A、B、C 以及 8 个小矩形），然后再像下图那样把它们排列在原来的正方形周围：

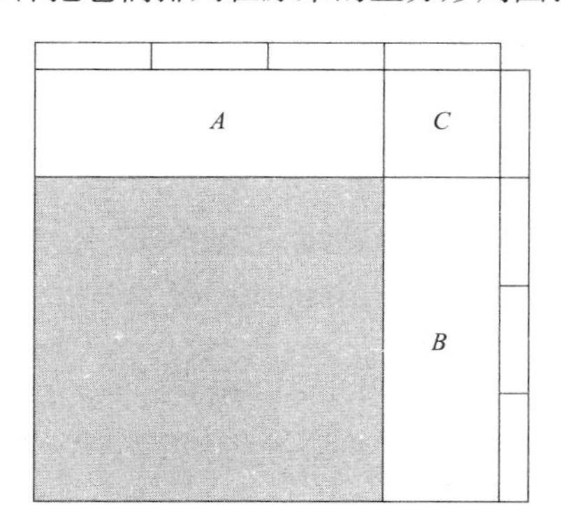

如果将缺失的角补全的话，得到的大正方形面积就会比原来的两个正方形加起来的面积还要大，而且二者之差刚好是那块右上角新补的小正方形的面积，因为原来的那个正方形周围的那些矩形的面积之和与其相等。但是，如果我们把右上角上的小正方形加上的话，得到的大正方形的边长就是《绳法经》给出的长度：

$$1+\frac{1}{3}+\frac{1}{3}\cdot\frac{1}{4}$$

达塔从一种偏西方的代数学的角度解释了为什么会使用分数 1/（3・4・34）。其解释基于这样的事实：缺失的那个右上角由大正方形少的那两条边构成。这就意味着位于右上角且面积为 $1/12^2$ 的小正方形会被两个矩形和一个边长为 x 的新角分割，而这个新角右边和上方的边也将会被从图形移走①：

$$2\cdot x\cdot\left(1+\frac{1}{3}+\frac{1}{12}\right)-x^2=\left(\frac{1}{12}\right)^2$$

得到这个等式后，达塔的观点是，由于 x 很小，结果为 x^2

① 1+1/3+1/12显然比2的平方根大，设大的部分为x，则大正方形右上角又形成一个更小的面积为x^2的正方形，而由于边长为1+1/3+1/12-x的正方形的总面积为2，大正方形左上方和右下方一边长为1+1/3、一边长为x的两个矩形的面积之和与大正方形右上角面积为$1/12^2$的小正方形左下角的小正方形相等，按照面积为$1/12^2$的小正方形的4部分列等式：$2\cdot(1+1/3)\cdot x+2\cdot(1/12-x)\cdot x+x^2=1/12^2$，即可得到上式。——译者注

的新角面积可以忽略不计，因此：

$$2\cdot x\cdot\left(1+\frac{1}{3}+\frac{1}{12}\right)=\left(\frac{1}{12}\right)^2\Rightarrow x=\frac{1}{12\cdot 34}$$

也许这确实是印度作者的思想，但是如果想得到更精确的结果，这种用代数论证的方法和忽略极小值的思路就很难被派上用场了。要想真正了解印度作者的思想意味着寻找分母中奇怪因数的公比 34。这个问题涉及将边长为 1/12 的小方角分成足够多的部分（16+16=32 个部分），使得这个角与图形上面和右边的边融为一体。从构成图形轮廓的 16 个小正方形中每一个都移除 1/(12·32)，就得到了另一个内接于正方形的多边形，这个正方形的边长是：

$$1+\frac{1}{3}+\frac{1}{12}-\frac{1}{12\cdot 32}$$

这个正方形的面积极为接近我们想得到的值：

$$\left(1+\frac{1}{3}+\frac{1}{12}\right)^2=2.00694...\Rightarrow \varepsilon=+0.35\%$$

$$\left(1+\frac{1}{3}+\frac{1}{12}-\frac{1}{12\cdot 32}\right)^2=1.99957...\Rightarrow \varepsilon=-0.022\%$$

从上面的公式中，我们还是不能找到数值 34，这可能是因为之前的尝试都是为了改进计算方法，不过下面还有一种似乎可能性更大的方式。这一次我们不采用缩减不规则多边形边长的办法，而是沿着上方和右方将边长为 1+1/3+1/12 的大正方形分割开来，则大正方形的边长就是右上角小正方形边长的 17 倍：

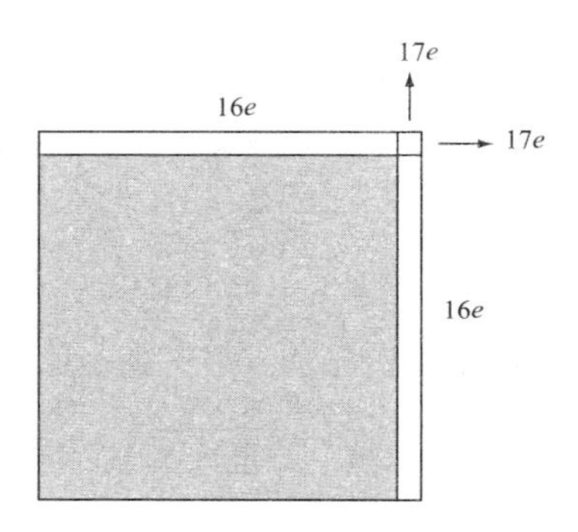

因此我们将其分成了 34 份，然后沿上面的边移除 17 个，沿右面的边移除 17 个，也就是重复移除了边长为 $\frac{1}{12 \cdot 34}$ 的小正方形。

所得到的结果也是一个内接于正方形的不规则多边形，其边长刚好是《绳法经》所给出来的估计值：

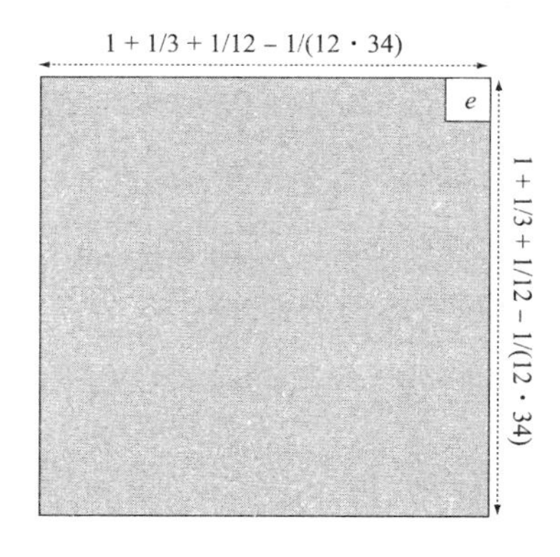

加上 34 个小正方形又减去 33 个小正方形的操作看上去似乎导致了数字 33 和 34 之间的交替，从而塑造了下列印度计算步骤的近似值：

$$1+\frac{1}{3}+\frac{1}{12}-\frac{1}{12\cdot 34}-\frac{1}{12\cdot 34\cdot 33}+\frac{1}{12\cdot 34\cdot 34}$$

但是，如果按照上述与印度人相同的思路，把最开始的正方形分割为 5 部分其实比分割为 3 部分更能得到好的初始近似值。

这种思路不是欧几里得式的。它具有逻辑性和演绎过程，但并不是基于公理的使用来得到一个提前决定好的结论。整个过程中并没有定理、证明与推论，但是当我们进行探索从而使自己更靠近它时，仍会发现某些事物的本质。

民族数学：作为一种文化现象的数学

数学思想在那些拥有书面语言的文化中最为复杂和深刻，而这种现象与其拥有文字的能力密切相关。对于那些拥有书面文献的文化，我们知道他们如何思考，虽然由于数学文献并没有记述所有思考过程，这种了解并不是很确切。事实上，这些文献缺少的正是欧几里得在《几何原本》中所写的东西。换句话说，就是那些与因果关系相关的思维过程。

在埃及金字塔中，我们看到了正方形，而不是圆形。在巨石阵中，我们看到了圆形，而不是正方形。正方形可能像金字塔那样代表着与死亡相关的意义，而圆形可能与太阳和月亮等天文现象和仪式有联系。

我们在第一章中所讨论的这些文化消亡于许多年前，其数学思想在所谓的西方文化出现很久之前就发展起来了。它们的发展是一种地区性的现象：每一种文化都发展了自身的数学，并且以当地的方法解决了它们所面临的问题。

数学是什么？它是如何产生的？我们关于这些问题的观点其实与在空间和时间上一直持续发展的思想具有非常密切的联系。然而，在史前时代，情况似乎并非如此。

这是我们文化中一切事物开始的方式。那么除了它之外，现在或过去还存在过什么呢？在哥伦布发现美洲之前，当地的文化就已经发展出了很有价值的数学知识。而在发现新大陆之后直至今日，当地那种与西方不同且发展出数学知识的文化仍然存在着。接下来，就让我们把注意力转向这些想法：

乡村数学

20世纪80年代末，吉达·德·阿布雷乌（Guida de Abreu）教授研究了巴西东北部农民使用的数学方法。学院数学与当地实际使用的计算方法的差异反映了在该地区推广农业技术时遇到的一种障碍。例如，三角形的面积是通过将两个边长进行平均再乘以剩下一边的一半的方法得到的，也就是说，$(x+y)\cdot z/4$。

使用这种方法会有一些风险。例如对一个边长为 x 的等边三角形来说，其面积为 $S = x^2/2$，与其实际值 $S = (x^2\sqrt{3})/4$ 显然不同。而对一个直角边长分别为 30 米和 40 米、斜边为 50 米的直角三角形而言，3 种选择会带来 3 种不同的结果：实际面积是 600 平方米，而使用当地土办法得到的结果分别是 S_1 =800 平方米、S_2 =875 平方米和 S_3 =675 平方米。

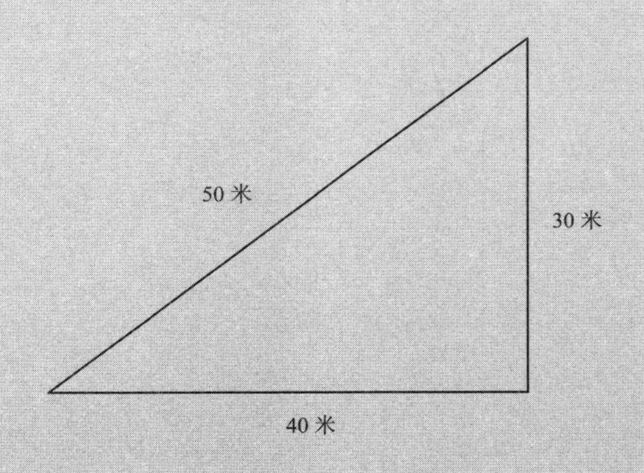

最后一个值与实际值最接近，而且是通过取最长两边的平均值得到的，这会使我们思考使用这种方法也许会得到一些更精确的值。比起使用三角学的办法，这种方法无疑更为实用。另外，在这种农业场景中使用的度量单位体系是基于布拉查（braça）、克由博（cubo）和孔塔（conta）的。1 布拉查的长度是 2 米到 2.2 米，取决于用来当作基准的木棍的长度。1 克由博是边长为 1 布拉查的正方形的面积。1 孔塔是边长为 10 布拉查的正方形的面积。

第二章

数得更多，算得更准

被记载下来的数字与计算

当你在街上散步时看到地上有下面这张纸，你会想到什么?

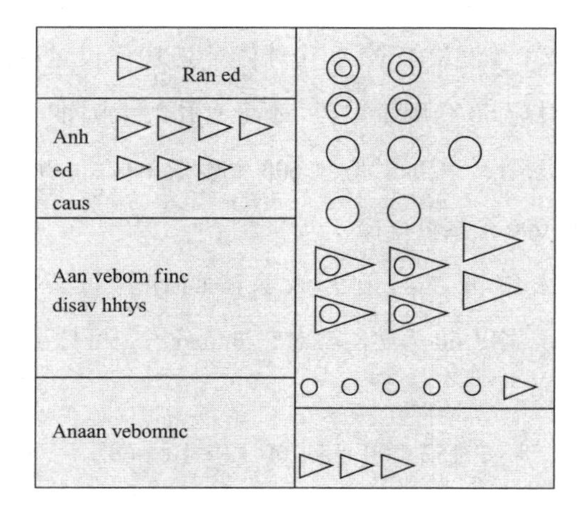

这是一块苏美尔泥板的复制品，该泥版可追溯到4600多年前，位于当今伊拉克境内的古城舒鲁帕克（Shuruppak）。根据乔治·伊弗拉（Georges Ifrah）的观点，这可能是迄今为止人们

发现的关于除法的最古老的文献。作为一名数学家和历史学家，他对世界各地的数字和计算体系进行了大量细致的研究，这些体系在数学被命名之前就已经发展了很长一段时间。

这块泥板所处理的问题是如何将大麦在一群人中进行分配。左边一列所写的内容是要被分配的大麦的数量：1 谷仓又 7 筒仓（1 谷仓相当于 1 152 000 筒仓）。右边一列写的是完成分配所需的计算。泥板上的文字被解读为在分配完 1 谷仓大麦之后，每个人得到了 7 筒仓大麦，也就是说有 164 571 个人参与分配，最后还剩下 3 筒仓没有被分配出去。

这种原始的泥板使用手绘的几何图形来代表除法计算过程中的数字。或大或小的球体和圆锥体被用来当作数字。1 个小圆锥体对应 1 个度量单位，1 个球体对应 10 个度量单位，1 个大圆锥体对应 60 个度量单位，1 个有孔的大圆锥体对应 600 个度量单位，1 个大球对应 3 600 个度量单位，1 个穿孔的大球对应 36 000 个度量单位。

下面来讲讲在泥板上做除法的计算过程。分子是 1 152 000，用以 60 为底的幂对它进行分解，可得：

$$1\ 152\ 000 = 5 \cdot 60^3 + 2 \cdot 10 \cdot 60^2$$

但实际计算过程并不如此。由于当时没有更大的单位，代表 36 000 个度量单位的最大单位被用在计算中。我们需要 32 个穿孔的大球去代表 1 152 000：

$$1\ 152\ 000 = 32 \cdot 36\ 000$$

如果把这32个穿孔的大球分给7个人，会发现每人有4个，另外还剩下4个。每人得到的4个穿孔的大球就是除法所得的商，而且这与泥板右上角画的4个穿孔的大球一致。剩下的4个穿孔的大球是第一次分配所得的余数。再次将其分为7等份。考虑到它们是4 · 36 000，可以用更小的单位将它写出来：

$$4 \cdot 36\ 000 = 144\ 000 = 40 \cdot 3\ 600$$

也就是说，是40个没穿孔的球。可以将它们分为7组，得到的商是5，余数也是5。剩下的5个球，相当于5 · 3 600个度量单位，可以继续用穿孔的大圆锥体（每个对应600个度量单位）来表示：

$$5 \cdot 3\ 600 = 18\ 000 = 30\ 600$$

这样就有了30个穿孔的大圆锥体，再平均分配给7个人，得到的商是4，余数是2。这就意味着有2个穿孔的大圆锥体，也就是2 · 600=1 200个度量单位被留下，而其需要再次被分配为7等份。为了做到这一点，需要使用下面马上就要讲到的石头，也就是代表60个度量单位的未穿孔的圆锥体：

$$1\ 200 = 20 \cdot 60$$

苏美尔人用于计算的石头

用来计算的石头（calculi）或小圆石由石头或泥土制作而成，根据其形状和大小的不同来对应不同的数量。计算（calculating）这个词最开始就是用来描述人们以这样的石头为工具所进行的数学活动。下图列出的每一块石头都是被用于计算的工具。苏美尔人用球形或圆锥形的小石头来进行计算，并根据上面是否穿孔来进一步区分不同的数值。

这个词现在被用来指代肾结石（renal calculi，或 kidney stones），即结晶矿物质在肾脏内部积聚而成的小颗粒。概而言之，肾结石是一种钙化现象，而且它给人带来不便的程度与其体积大小有直接联系。

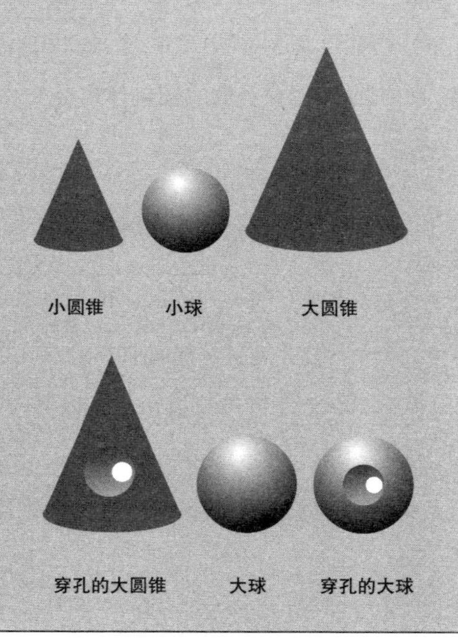

这 20 个大圆锥又被除以 7，得到的商是 2，余数是 6，也就是有 $6\cdot 60=360$ 个度量单位被剩下。这就相当于 36 个小球，每个小球相当于 10 个度量单位：

$$360=36\cdot 10$$

36 除以 7，商是 5，余数是 1，相当于 10 个度量单位，即 10 个小圆锥。最后，我们再把 10 除以 7，最终的余数是 3 个度量单位 / 小圆锥。下表总结了上面所叙述的整个过程：

石头种类	数量	每人分到的相应种类的石头	剩下的度量单位数（余数）
穿孔的大球	4·7	4	
大球	5·7	5	
穿孔的大圆锥	4·7	4	
大圆锥	2·7	2	
小球	5·7	5	
小圆锥	1·7+3	1	3

泥板上右边一列最上边那个大方格里面记录的内容对应的正是上表的第 3 列。再下面的那 3 个小圆锥对应的是整个除法所得的余数（上表的第 4 列）。因此，这个泥板记载的可以说是对整个除法过程进行全面描述的一个例子。

到公元前 2000 年左右，乘以或除以 10 对古埃及人来说是很简单的事情。他们只需要把问题中数字相应数位上的符号替换成代表更大或更小的符号就行了。例如，让我们来看一下下图中 48 和 480 的写法（埃及人的书写方式是从右至左）：

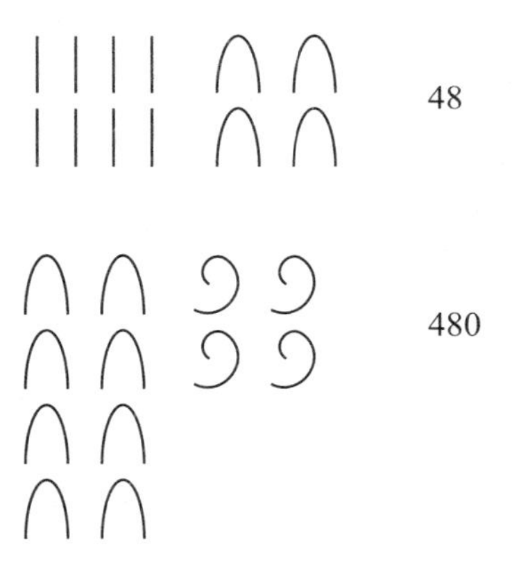

当需要乘以某个数字时，古埃及人并不使用我们现在的计算方法，而是通过一种基于 2 的幂或者说与 2 相乘的算法来达到目的。例如，为了得到 117 与 14 的乘积，需要先写出 2 列数字，左边一列从小到大连续地写着 2 的幂，右边一列是与其左边数字一一对应的 14 的倍数。整个过程在 2 的幂下一步将超过与 14 相乘的数（也就是 117）时停止：

1	14
2	28
4	56
8	112
16	224
32	448
64	896

下一步则涉及如何在左边一列数中挑出若干个数字，使得它们的和刚好是 117：

$$1+4+16+32+64=117$$

这就意味着乘法的结果就是右边一列数中与上面的值一一对应的数字的和：

$$14+56+224+448+896=1\ 638$$

我们在左边一列所做的其实就是将乘数或被乘数中较大的那个用二进位制来表示：

$$117=1\cdot 2^6+1\cdot 2^5+1\cdot 2^4+0\cdot 2^3+1\cdot 2^2+0\cdot 2^1+1\cdot 2^0=1110101$$

借助这个表达式，就能算出最终结果。大约 4 000 年前，古埃及人使用了一种变换基数的方法去做乘法，尽管他们并不是有意识地去这样做。他们的方法之所以能够成功，是基于这样一个事实：在左边的列中总是能够找到一系列值使得其和为我们所要的数字，也就是说，任意一个自然数都能够用二进位制来表示。我们可以举例来说明这一点：

$$12 = 2^2 \cdot 3 = 2^2 \cdot (2+1) = 2^3+2^2$$

$$15 = 3 \cdot 5 = (2+1) \cdot (2^2+1) = 2^3+2^2+2+1$$

该性质适用于最初几个自然数的例子：

$$1 = 2^0,\ 2 = 2^1,\ 3 = 2^1+2^0,\ 4 = 2^2,\ 5 = 2^2+1,\ 6 = 2^2+2^1,\ 7 = 2^2+2^1+2^0 \ldots$$

如果这个性质适用于自然数 n，那么它也适用于下一个自然数 $n+1$。事实上，如果 n 是偶数，这种表达式中的项就不包括 $2^0=1$。因此，要想得到 $n+1$，就需要加上以 2 为底数的幂 2^0。通过这种方式，$n+1$ 就也能用以 2 为底数的幂的和的形式来表示了。在 n 为奇数的第二个例子中，由以 2 为底数的幂组成的表达式的最后一项就是 2^0。如果再加 1，即另一个为 2^0 的项就能得到下一个数 $n+1$ 。把这两项相加即得：$2^0+2^0=1+1=2=2^1$。如果分解式中还有 2^1，就再加一次，得到另一项 2^2。以此类推，结果总能分解成以 2 为底数的幂之和。

如果我们以表格的形式将前 10 个自然数用以 2 为底数的幂表示出来，这种模式就更明显：

2 的幂	0	1	2	3	4	5	6	7	8	9	10	11	12	13	14	15	16
0		*		*		*		*		*		*		*		*	
1			*	*			*	*			*	*			*	*	
2					*	*	*	*					*	*	*	*	
3									*	*	*	*	*	*	*	*	
4																	*

当时古埃及人也用类似的方法做除法，其思想是把整个过程反过来，将除法当作乘法。例如，为了用 92 除以 9，必须找到与 9 相乘得到 92 的那个数字。首先，我们先写出一一对应的两列。左边一列依次写上连续增加的以 2 为底数的幂，右边一列写的是从小到大逐渐接近 92 的 9 的各个倍数：

1	9
2	18
4	36
8	72

接下来我们需要在右边一列中找出一些数字，使它们的和为 92。但这样的数字并不存在，因此说明 92 不能被 9 整除。最接近的和是 18+72=90。因此，除法所得的商是 2+8=10（与 18 和 72 对应的以 2 为底数的幂之和），余数是 2。

其他地区的计数方法

要想计数，首先得给数字起名字。所有语言中都给数字起了名字，虽然还是有一些语言曾经缺乏，甚至现在仍缺乏代表数字的特定书写形式。今天人们所用的那套数字符号集合几乎是全世界通用的，用来对数字进行计算和命名的那套术语也一样。但是，名字一样并不意味着思想也一样。

几个世纪以前，许多欧洲人认为几乎没有非洲人能数超过10的数。这种偏见先后被18世纪商人撰写的报告和20世纪进行的人类学研究纠正。

还有一些人认为居住于利比亚中部直到几内亚的克佩勒人缺乏数字能力，因为他们用成堆的鹅卵石进行算术运算。然而，在盖伊和科尔进行的一项研究中，在估计不同大小的堆所包含的鹅卵石数量问题上，克佩勒人得到的结果甚至比耶鲁大学的美国大学生还要好。

无论表达方式是口头的还是书面的，我们都是通过十进位制的数字体系来进行计数和计算。在我们的社会里，如果一个成年人还要借助指头来数数的话，周围的人肯定会皱起眉头，因为只有学龄期的儿童才被容忍这么干。

我们分别使用符号和音位来给出数字的书面和口头表达方式。从这些表达方式中，可以看出我们的数字体系是以十进位制为基础的。数字1到10有不同的发音，从11开始，用于发音的语根决定了每个数值的口语表达方式，例如，从

非洲的数字手语

祖鲁人是非洲南部最大的族群。他们大部分居住于南非，在津巴布韦、赞比亚和莫桑比克也有分布。卡姆巴语（Kamba）隶属于班图语系，该语系在东非肯尼亚和坦桑尼亚均有使用。下面的表格展示了这两个民族在表达数字 1 到 10 时的不同之处：

数字	祖鲁语（南非）	卡姆巴语（肯尼亚）
1	伸出左手小拇指	伸出右手食指
2	伸出左手小拇指和中指	伸出右手食指和中指
3	伸出一只手的小拇指、无名指和中指	伸出右手食指、中指和无名指
4	伸出4根手指	将右手食指和中指并在一起，无名指和小拇指并在一起，两对手指分开，形成一个V型
5	伸出5根手指	握紧右拳
6	伸出右手大拇指	用右手握住左手小拇指
7	伸出右手大拇指和食指	用右手握住左手小拇指和无名指
8	伸出右手的3根手指	用右手握住左手小拇指、无名指和中指
9	伸出右手的4根手指	用右手握住左手的4根手指
10	伸出10根手指	紧握双拳

11 到 19 为：

11	12	13	14	15	16	17	18	19
eleven	twelve	thirteen	fourteen	fifteen	sixteen	seventeen	eighteen	nineteen
10+1	10+2	3+10	4+10	5+10	6+10	7+10	8+10	9+10

以 10 为底数的各个幂也是如此，用单词的第一个音节来区分不同值的数字系统就建立在这样的基础之上：thirty（30），forty（40），eighty（80），two hundred（200），three hundred（300），four thousand（4 000），one hundred thousand（100 000）。例如，将 7 352 以十进位制分解，就会得到下面的表达式：

$$7 \cdot 1\ 000 + 3 \cdot 100 + 5 \cdot 10 + 2$$

在西方文化中有不同的做法。在法语中，虽然也使用十进位制的数字体系，但超过 50 的 10 的倍数就是以 20 为基数的。80 是“quatre-vingt”，即4 · 20。85 是“quatre-vingt cinq”，即 4 · 20 + 5。

克劳迪娅 · 扎斯拉夫斯基是本地数学（vernacular mathematics）的先驱，对民族数学的早期发展贡献良多。他的著作《非洲的计数法》（*Africa Counts*）研究了大量在若干年后被乌比拉坦 · 安布罗西奥称为民族数学的内容。扎斯拉夫斯基搜集整理了许多在非洲核心文化中产生并用来建造建筑和制作装饰的数学思想，例如非十进位制的数字系统、数字计算方法和几何图案。

在西方文化之外，口语中普遍存在着以5为基数来表述那些比手指数量更大的数字的现象。在某些班图语（源于中非）的语言变体中，数字5被称为塔诺（*tano*），并且决定了6、7、8、9的表达方式。构词方法是在以前缀5开头的单词末尾加上后缀1（*-mwe*）、2（*-vali*）、3（*-tatu*）和4（*-ne*），就得到了单词6（*tano-na-mwe*）、7（*tano-na-vali*）、8（*tano-na-tatu*）和9（*tano-na-ne*）。

以5和20为基数的计数体系也在中非的几内亚比绍等地得到使用，这被认为是由于5对应的是一只手上手指的数量，而20则对应一个人全部手指和脚趾的总数。这就可以让人们用“两只手”来指代10，或者用“完整的人”来指代20。像“5个完整的人”这种表述方式的意思就是100。

一种文化使用数字的方式表明了它思考的方式。这些本地词语在对比较小的数进行计数时是很有用的，但是当涉及大数的运算时就并非如此了。尼日利亚的伊博人的数字体系是以20为基数的。代表20的平方（400）的词语是*nnu*，400的平方被表述为*nnu khuru nnu*，意思是“400遇到400”。

数字能够发挥基础性作用的场景有许多，贸易就是其中之一。为了进行贸易，知道如何去测量、称重、计算和拥有一套记录的系统就显得很有必要了。贸易不可能离开交换而存在，而交换又引起了对价值单位的需求。这又将我们引向了乘法和除法。在非洲，贝壳、牛、盐、奴隶和黄金都曾被当作货币。现在虽然在当地市场上仍存在许多物物交换，但总体而言金钱还是占据主导地位。

一个世纪前，居住在几内亚沿岸地区的埃维人（Ewe）曾使用贝币进行贸易。埃维人进行交易的单位是后卡（*hoka*），1 后卡相当于 40 个贝壳。不过在更靠近内陆的地区，1 后卡相当于 35 个，而不是 40 个贝壳。埃维人精通乘法，能够快速地进行运算，将 3 个贝壳乘以 20 再加上 10，就得到了 2 个内陆地区使用的后卡：20 · 3+10=70。

这是否意味着埃维人在两种后卡中创造了某种联系呢？考虑到 20 是 40 的一半，10 又是 40 的 1/4，他们知道某种后卡的 1.5 加 0.5 倍刚好是另一种后卡的 2 倍吗？进一步讲，他们意识到了这两种货币的汇率是 8 : 7，因此 1 个内陆后卡相当于 1 个沿海后卡乘以 7 再除以 8 吗？这个问题很难回答。

$$3 \cdot \frac{1}{2} h_E + \frac{1}{4} h_E = 2h_I \Leftrightarrow \frac{7}{8} h_E = h_I$$

约鲁巴数字体系

尼日利亚约鲁巴人（Yoruba）特殊而又复杂的数字体系需要特别说明一下。举例来说，按照约鲁巴语，48 可以直译为 20 · 3–10–2。

约鲁巴人的数字体系以 20 为基数，但与大多数以 20 为基数的数字体系不同的是，他们的数字是基于减法而不是加法来表示的。这看上去似乎有些让人惊讶，而且过于复杂，但它不是通过减法来构建数字的唯一例子，罗马数字也这样做：

罗马数字		
4	IV	5–1
9	IX	10–1
44	XLIV	（50–10）+（5–1）

在约鲁巴人的体系中，数字是如何被表示的呢？首先，我们必须分析从 1 到 20 的每一个数字，它们是整个体系的基础。从 1 到 10 的每个数字所用的词都不一样，而代表 11 到 14 的词是通过在代表 1 到 4 的每个词末尾添加一个后缀 *-laa* 来得到的。从数字 15 开始，减法第一次出现，以便用来表示字面意思分别为 20 – 5、20 – 4、20 – 3、20 – 2 和 20 – 1 的词。数字 20 是个新词，从 21 往后，加法符号被再次使用，到 25 的时候再次变为减法符号。这种构词模式被连续且循环地使用，例如，105 = 6 · 20 – 10 – 5，315 = 400 – 20 · 4 – 5（有一个专门的词代表 400）。

当要描述更大的数字的时候，可以这样表示：

约鲁巴语中大数的表示方式	
100	5 · 20
200	200
300	20 ·（20–5）
400	400
2 000	10 · 200
4 000	2 · 2 000
20 000	10 · 2 000
40 000	2 · 10 · 2 000

对贝币的计数方式可能是这种思考方式背后的原因。这种计数法需要首先把5个贝币放在一起，然后再把20个贝币聚成一堆。5个由20个贝币形成的堆就是100个贝币。当我们将5个贝币聚成一堆的时候，我们做的其实就是从1数到5。这就解释了为什么约鲁巴人用把它们加在10前面的方式来得到11、12、13和14这几个词。不过，这还是不能解释为何从15开始，构词法发生了改变。

一种可能的解释是约鲁巴人只用一只手来数数。让我们想象一下这样的情形：我们脑子里想着数字10，并用一只手数出了11、12、13和14。那么，怎么才能用同一只手来数剩下的20之前的数呢？首先，我们把5根手指全部伸出，这样整个手掌就完全张开了，然后再将各根手指依次握于掌心，直到下一个十位数。因此，将我们所有手指头都伸出来就得到了第一个10，把它们全部握在手心就得到了第二个10。因此，当我们将5根手指全部伸出时，其实就意味着我们已经从20中减去5，即20–5=15。握一根手指就是20–4=16，握2根手指就是20–3=17。当我们将所有手指全部握于掌心时，实际上就开始在数下一个10，也就是20了。

在莫桑比克的一个市场里

有许多关于计算方法的研究分析了人们如何在学术领域之

外做计算。其中一项研究旨在发现妇女在日常生活中如何靠心算来做加减法。在非洲文化中，市场是许多由妇女主导的领域之一。要想从 62 中减去 5，莫桑比克市场上多于一半的妇女会首先减去 2，然后再减去 3：

$$62-5=(62-2)-3=57$$

对于同一个问题，大约有三分之一的妇女选择了先从 60 减去 5，再在结果上加上 2：

$$62-5=(60-5)+2=57$$

比例最低的一种选择是先从 62 中减去 10，再加上 10 和 5 的差：

$$62-5=(62-10)+(10-5)=57$$

关于乘法，大多数妇女会不断将数字乘以 2，直到得到结果的近似值。例如，要计算 6 · 13，算法之一如下所示（该方法和在本章开头提到的古埃及人的方法有某种相似之处）：

$$\left.\begin{array}{l} 2\cdot 13=26 \\ 4\cdot 13=2\cdot 26=52 \end{array}\right\}\Rightarrow 6\cdot 13=26+52=78$$

但是，我们依然无法获知这些计算过程是由妇女自己想出来的，还是从某种她们之前就知道的方法里改编而得的，或者这些过程本身就构成了与在市场内的工作相关的文化或商业传统的一部分。我们也不知道教与学的过程是什么样子的，如果这种过程确实存在的话。

在尼日利亚，类似于上面所说的非正规计算过程也有发生。某些计算 18+19 的方式如下所示：

$$18+19=(18-1)+(19+1)=17+20=37$$

$$18+19=(20-2)+(20-1)=20+20-(2+1)=40-3=37$$

要想得到 45 除以 3 的结果，知道 21 除以 3 等于 7 显得非常有用：

$$\frac{45}{3}=\frac{21+21+3}{3}=7+7+1=15$$

这些过程清晰地表明解决问题可以有不同的办法，数学思想也的确存在于学校之外。

在一辆印度公交车上

原名为马德拉斯（Madras）的金奈市位于印度东南部，是泰米尔纳德邦的首府。这个地区的公交车司机需要以极大的灵活性进行心算才能完成工作。一方面，他们需要根据沿途不同的站点来向乘客收取不同的车费；另一方面，当天的工作结束之后，他们需要算出所谓的巴塔，即总体上基于一整天收到的车票钱的薪酬。巴塔的多少取决于许多变量，比如公交车的类型、跑了几趟车以及当天总共收了多少钱。

美国伊利诺伊州立大学的尼尔马拉·纳雷什（Nirmala Naresh）研究了公交车司机这种既要算出自己的巴塔又要算出根据不同旅程乘客所要支付的车费的计算方法。要想做到这一点，他们需要将不同印度货币之间的关系时刻牢记于心。这些印度货币包括各式各样的纸币和硬币，名称分为两种，即卢比（rupee）和卢比的百分之一派萨（paisa）：

纸币	硬币	
卢比	派萨	卢比
1, 2, 5, 10, 50, 100, 500, 1000	5, 10, 20, 50	1, 2, 5

印度泰米尔纳德邦金奈市的一条街道（图片来源：geekandchick.cl）

下面就是金奈的公交车司机运用心算技巧计算 3・293 和 3.50・61 的一些例子：

$$3 \cdot 293 = 3 \cdot 300 - (3 \cdot 7) = 900 - 21 = 879$$

$$3.50 \cdot 61 = 3 \cdot 61 + \frac{1}{2} \cdot 61 = 183 + 30.50 = 213.5$$

正如我们所看到的那样，乘法运算并不是直接进行的，其过程也没有用在学校里学到的那种常规做法，而是基于将乘法分解为简单的乘积运算组合的方法，这样就很容易在脑子里进行心算。在第一个例子中，先找到一个 293 附近的以整十或整百结尾的数，在这个例子中是 300。在我们的脑海中，这个数字乘以 3 是很容易做的，但是在用 300 代替 293 之后，所得的结果正好要比正确结果多 3 乘以 300 与 293 的差，也就是 3 乘以 7，因此要从 900 里面减去 3・7。在第二个例子里，小数 3.5 被分成了整数部分和小数部分，也就是 3 和 0.5 两部分。然后我们先将 61 乘以 3，得 183，最后再加上 61 的一半 30.5。

这种心算方法展现了高超的运算技巧，这不仅是由于其运用了和的分解的方法，而且在于其对学术上所说的乘法分配律的真实而实用的运用。虽然这些公交车司机曾接受过最基础的数学教育，有可能在学校里学过心算，但这些在工作和日常生活中使用的办法却和学校里的方法不一样。也就是说，它们源自本地。

在需要进行心算时，将一个小数分为整数部分和小数部分，再分别与另一个整数相乘，是一个常见的技巧。这是使用

用心算进行平方运算

考虑到 $(n\pm1)^2 = n^2\pm2n+1$，一个整数的平方可以使用它之前或之后的数的平方进行心算：

$$31^2 = 30^2+2\cdot30+1 = 900+60+1=961$$
$$19^2 = 20^2-2\cdot20+1 = 400-40+1=361$$

已知 $n^2 = a^2+n^2-a^2 = a^2+(n+a)\cdot(n-a)$，则一个整数的平方也可以基于更容易心算的它与另外一个数的和与差的乘积来进行计算：

$$19^2=1+(19^2-1^2)=1+(19+1)\cdot(19-1)=1+20\cdot18=1+360=361$$
$$37^2=9+(37^2-3^2)=9+(37+3)\cdot(37-3)=9+40\cdot34$$
$$=9+40\cdot(30+4)=9+40\cdot30+40\cdot4=9+1\ 200+160=1\ 369$$

本地智慧而非学校里学到的方法去解决实际问题的一个绝好例证，类似情形在世界上许多地方都有发生。在这种情况下，纸币和硬币就成了计算的辅助工具。

讨价还价：一种商业数字策略

讨价还价一直在商业活动中居于中心地位。虽然它在西方差不多已经消失了，但在世界其他地区的传统集市和旅游市场上，砍价行为依然存在。

讨价还价的目的是在一件商品的买家和卖家之间达成一项双方都满意的协议。整个过程一般由卖家开头，开出买家想要得到商品所必须支付的价格。不用说，这个起始价会开得比较高，有时候还会开得特别高，这就意味着买家肯定会还一个比较低的价格。但是，也不能开得特别低，因为这样的话卖家会感觉受到了冒犯，从而赶走买家并终止讨价还价。

在传统集市里有一条不成文的讨价还价规则，即一个好的策略就是找到一种方法最终使成交价相当于卖家最初出价的一半，但这个规则可能并不适用于卖家请买家先出价的情况。

围绕某个特定的数量来讨价还价的情形最常见，但人们也会以折扣的方式进行砍价。如果卖家定了一个 5% 的折扣，则买家很难以 50% 的折扣，即半价买到心仪的商品。在这种情况下，讨价还价直到折扣加倍从而获得一个 10% 的折扣可能被认为是一种成功。当我们说到折扣的时候，其对应的基数可能会很大，因此百分比稍微变动一点点可能代表着一笔相当可观的钱。这就是为什么以折扣的方式砍价经常并不是那么有利可图。

关于讨价还价的初始数学模型是线性的，也就是说，交易双方开出的价格是成比例变化的。这可能是最简单的模型了。但我们不久就会意识到它并不准确，因为在现实世界里，出价变动的幅度随着双方逐渐趋向成交价而逐渐变小，而不是以固定间隔变动。

基于出价的曲线模型看起来会更合适些。买家曲线 $C(x)$ 是一条单调递增的凹曲线，这就意味着买家会不断加价，但价差会逐渐变小。例如，像 20、60、100 和 140 这一组数就符合线性模型，而值 20、50、70 和 75 则符合曲线模型。它们是 4 个递增的值，而且后项与前项的差值在不断减小。另一方面，卖家曲线 $V(x)$ 的值会单调递减，而且其价差也在不断变小。而且我们可以发现一种模式，即 $C(x)$ 增量的变化率和 $V(x)$ 减量的变化率均与其对应的最后一个值成比例，而因为增量变化率与减量变化率分别与两个函数的导数相 $V'(x)$ 与 $C'(x)$ 相一致，因此可得这两个曲线均为抛物线。其中买家曲线的导数是正的［$C(x)$ 是单调递增的］，而卖家曲线的导数是负的［$V(x)$ 是单调递减的］。

$$V'(x)=k\cdot x\ (k<0) \qquad V(x)=k\cdot\frac{x^2}{2}+B$$

$$C'(x)=m\cdot x\ (m>0) \qquad C(x)=m\cdot\frac{x^2}{2}+D$$

$V(0)=B$ 是由卖家报出的起始价。由上式可画出两条相交于成交价的抛物线：

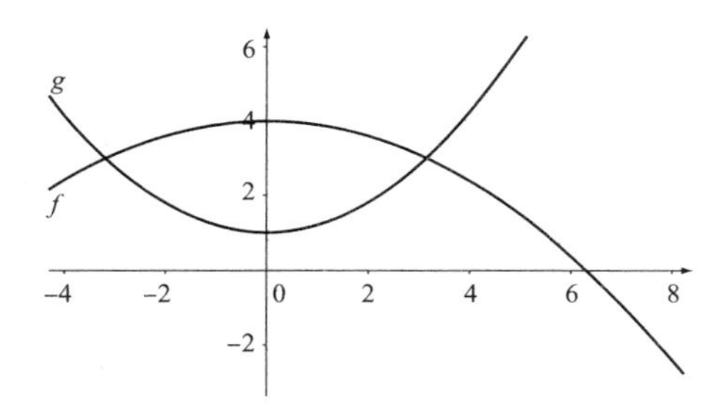

但我们并不知道进行讨价还价的双方是否都这样思考。也就是说，是否他们的出价与最后的报价成比例。有没有可能他们是依照与出价和起始价之差成反比的方式来进行每次加价和砍价的？如果是这样的话，通过解出描述上述思维过程的微分方程，就得到了一个新的对数模型。假如 V 是卖家给出的初始价：

$$C'(x)=\frac{k}{|x-V|}\Rightarrow C(x)=k\cdot\int\frac{1}{|x-V|}dx=k\cdot\ln|x-V|+K$$

考虑到对于买家而言常数 k 是正的，对于卖家而言它又是负的，则相应的图像为：

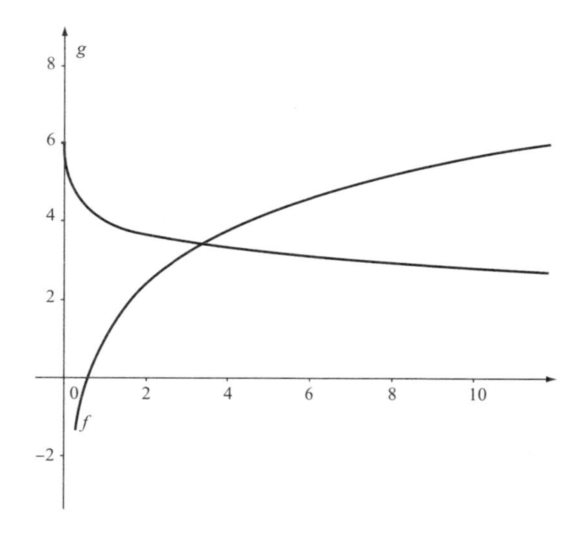

但在实践中究竟发生了什么情况呢？人们真的是依照同

比、正比或反比来出价的吗？显然并不如此。让我们来考虑下述三个真实的砍价过程，它们都基于我自己在度假期间到各类零售场所购物的真实经历。这三次讨价还价并不是发生在小型市场或者传统集市中，而是发生在商店里。我的出价也并非基于数学上的比例或者之前所构建的那些具有指导意义的方法，而是根据下面解释的一些考虑因素来进行权衡。

讨价还价 1		讨价还价 2		讨价还价 3	
卖家	买家	卖家	买家	卖家	买家
45	20	80 000	40 000	350 (pm)	200
35	25	60 000	45 000	280	230
30	OK	50 000	OK	260	250
				OK	

这三件商品在商店里都被标注了价格，而价签通常是谢绝还价的标志，在上表中用缩写 pm 来表示。我所感兴趣的那件商品的标价是 350。我猜它可以讲价，正想问问时，一名女售货员直接告诉我她可以给我打折。

我问她折后价是多少，她说："掏 300，它就是你的了。"这个折扣并不大，因此我推断出这件商品虽然可以讨价还价，但其价格应该和实际价值相差不远。至少我将付的价格应该不会特别低。现在我必须考虑应该还一个什么价。最开始我想还一个低于 200 的价格，但这看起来太低了。低于 200 的最大整数是 199，因此我还价 200，让价格看起来高一些。女售货员还价 280。我对此有点失望，因为降价只有 20。我猜我们会在 250 左右成交，但我不想过早给出这个价码。我再砍价 230，比 225 多一点。她喊价 260。为了尽早结束这个议价过程，我告诉她最多加到 250。她还是坚持 260，但我并不退让。最终我们以 250 成交。

成交后，我问店主她以多少利润才会出售这件商品，也就是说基于标价，她能接受的最低价是多少。她用一个百分数回答了这个问题：25%。她解释说这是她店里的规矩，虽然在其他像传统集市这样的地方利润可能会高得多。如果情况确实如此的话，用 250 买了一件标价为 350 的商品还是相对成功的，因为折扣已经超过了 28%。

根据这些实际结果，我们就可以构建出一个新的讨价还价的数学模型。从上表的数值中，我们能够看出某种似曾相识的东西，比如在其中隐含的某种均衡，还有这些数值最终收敛于成交价的特性。那么，导致这种均衡的模式是什么呢？我们的假设是：每次出价都是前两次出价的均值造成了均衡。也就是说，如果讨价还价过程所产生的数列以卖家第一次讨价为首项，以买家第一次还价为第二项，则这个数列的通项公式为：

$$x_{n+1}=\frac{x_n+x_{n-1}}{2}，\ n\geq 1$$

这正是讨价还价过程中最后两次出价的均值，也就是算术平均值。并且，这个表达式与斐波那契数列的通项极为相似。我们称之为均值议价模型的这个模型真正描述了现实吗？以 3 个议价过程为例，让我们把它计算出来的一系列结果与真实值比较一下：

讨价还价 1		讨价还价 2		讨价还价 3	
真实值	均值议价模型所得的值	真实值	均值议价模型所得的值	真实值	均值议价模型所得的值
45	45	80 000	80 000	350	350
20	20	40 000	40 000	200	300
35	32.5	60 000	60 000	280	275
25	26.2	45 000	50 000	230	237.5
30	29.3	50 000	52 500	260	256
				250	247

可以看出，二者之间的相似度极为惊人。因此，至少在旅游礼品店这种环境中，均值议价模型很好地拟合了真实值。现在，有必要来确定一下使用这个模型的议价过程的收敛值。换句话说，类似商店的议价过程究竟会收敛于哪个终值呢？让我们将前述 3 个议价过程的初始值代入模型继续计算，再看看会发生什么：

45	80 000	350
20	40 000	200
32.5	60 000	275
26.25	50 000	237.5
29.375	55 000	256.25
27.813	52 500	246.88
28.594	53 750	251.56
28.203	53 125	249.22
28.398	53 437.5	250.39
28.301	53 281.3	249.8
28.35	53 359.4	250.1
28.325	53 320.3	249.95

这些数字与3个议价过程两两成对的初始值（45，20）、（80 000，40 000）和（350，200）有什么关联？将这3列数分别在对应的图像上表示出来，可以看出它们的形状非常相似：

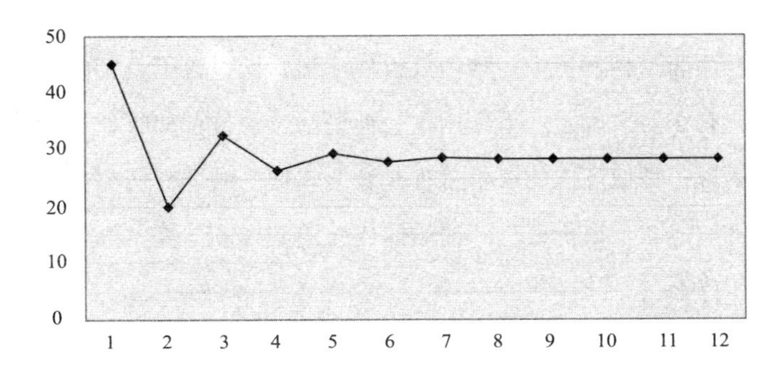

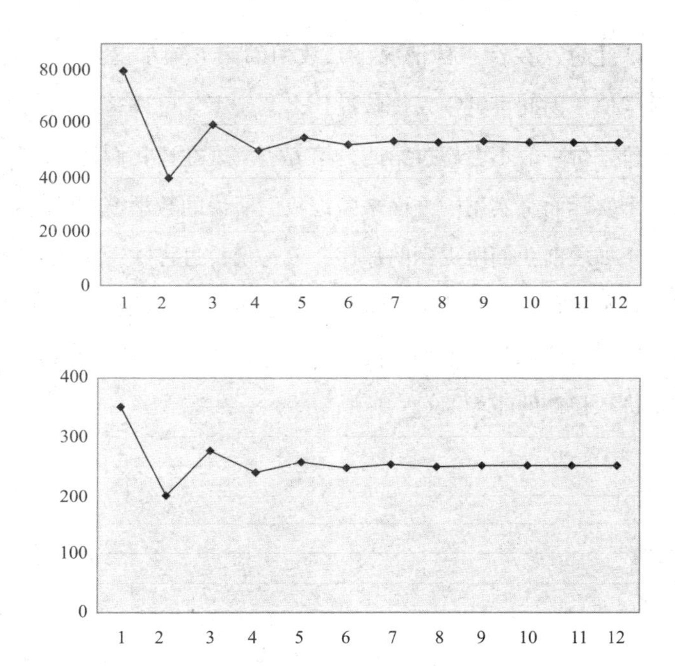

研究一下这个模型的通项，就能清楚地看出发生了什么。数列的值与一系列议价一一对应，它的极限 x 由卖家开价（x_0）和买家还价（x_1）这两个初始值决定：

$$x=\frac{1\cdot x_0+2\cdot x_1}{3}$$

用前面所说的 3 个议价过程的初始值去计算极限 x，可得：

	成交价	极限 x
讨价还价 1	30	28.333
讨价还价 2	50 000	53 333
讨价还价 3	250	250

请注意，在这三种情况下，数列的第五项都已经非常接近极限值，因此再继续议价就没什么意义了。也许这就是为什么讨价还价一般不会超过第四或第五步。现在让我们通过思考另一个实际而又实用的方面来验证我们所说的数学模型的有效性。正如之前我们所提到的那样，上述议价过程并没有依照这些规则来进行。但是这个模型与现实世界的情况拟合得如此之好，以至于我们很难不去钦佩人们在寻找均衡时凭直觉对数字信息进行权衡的能力。

算盘

从历史上看，我们的手是关于数字信息的第一个记录工具，同时也是第一个计算器。一些人声称我们的手是软件的第一个例子。我们能够用一只手的手指数到 5，两只手的手指数到 10，所有的手指和脚趾数到 20。另一方面，如果我们用指骨作为基本单位，用手指当 10 的幂，就能数到 100 亿。之所以没人使用这种方法，可能是因为它有些不好用，也不实用。

除了计数外，我们的手也曾被许多文化用来计算，尤其是做乘法运算。使用手指做乘法在欧亚大陆是一种常见现象。比如要想用手指算出 6 乘以 8 的积，我们可以这样做：依次伸出 1 只手的手指一直数到 6——在数字 5 之后，我们就握 1 根手指（我的建议是握拇指）。这样我们就伸了这只手的 4 根手指，握了 1 根手指。使用同样的方法，我们用另一只手数到 8，也就是说伸 2 根手指的同时握 3 根手指。现在我们将握的手指加起来，1+3=4，就得到了十位上的数；再将伸的手指相乘，4・2=8，结果就是 40+8=48。

这个过程结合了使用心算来进行较小的数之间的加法和乘法运算。由于我们不需要做大于 5 的加法或乘法，问题显然已经被简化了。按照现代数学家的看法，这其实就是将小于等于 10 的乘法简化为以 5 为模的乘法。这种方法在印度、印度尼西亚、伊拉克、叙利亚和北非的日常生活和教学中均有使用。虽然这种做法可以拓展到任何数之间的乘法，但遇到大数时它就不怎么实用了。实际上，一种方法在理论和实践上都可行并不意味着它在实施过程中有效率或足够高效。要想做到这一点，最好使用计算工具。

老子撰写的《道德经》第 27 章有言："善数不用筹策。"算筹是一种由一块木板和若干根竹棍组成的计算工具，在公元前 5 世纪至公元前 3 世纪便有使用，是已知最古老的计算工具之一。

算筹板上画有 8×8 的正方形格子[①]，格子里放着竹棍以代

① 带有格子的算筹板多见于日本，中国的算筹一般直接布置在地上或桌上。清朝数学家劳乃宣曾说："盖古者席地而坐，布算于地，故宜长；后世施于几案，故宜短。"——译者注

表数字。最开始的时候，1 到 10 的数字是由相同数量的竹棍来表示的。后来为了简化，用 1 根横置的竹棍来代表 5 或 10。从那往后，1 到 5 就用竖放的竹棍来表示，而 6、7、8 和 9 则相应地用一根横置的竹棍（代表 5）和其下几根竖着放的竹棍来代表。数字 10 是一根横置的竹棍，要表示 60 以下的 10 的倍数，只需增加相应的根数即可。但对 60、70、80 和 90 而言，则需要将纵放的竹棍放在横置的竹棍之上以示与 6、7、8 和 9 有所区别；以此类推，竹棍所在的位置就代表了百位、千位、万位等相应的数位[①]。中国人通过在算筹板上画方格的办法来确定数字的数位，一个空方格代表 0。

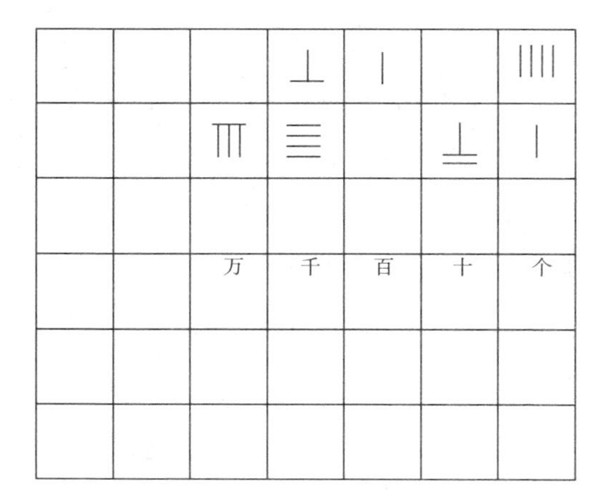

用算筹表示的数字 6 104 和 84 071

① 为了区分数字和数位，算筹用纵式和横式两种方式计数，个位用纵式，十位用横式，百位再用纵式，不断循环。——译者注

乘法是通过将较小的数之间的加法和乘法结合起来并在算筹板上展示的方法进行的。就像之前我们提到过的非洲市场里的做法一样，它的本质是将数字按十进位制进行分解以及对后来被命名为“分配律”的乘法性质的隐含使用。要想算出 285 × 43 的结果，就得在这两个数所在的行中间插一空行，以便进行中间步骤的运算。心算过程如下：

285 × 43			
步骤	心算	结果	位置值
1	4×2	8	8 000
2	4×8	32	3 200
3	4×5	20	200
4	3×2	6	600
5	3×8	24	240
6	3×5	15	15

从上表可以看出，整个过程是基于把 285 和 43 分解为百位、十位和个位来进行的：

$$285 \cdot 43 = (200+80+5) \cdot (40+3)$$
$$=40 \cdot 200+40 \cdot 80+40 \cdot 5+3 \cdot 200+3 \cdot 80+3 \cdot 5$$
$$=12\ 255$$

算筹也被用来解方程式和方程组。另外，汉字中使用横杠书写数字符号也被归因于算筹。也有许多人认为算筹是许多年后（接近 14 世纪）被发明的算盘的前身。

虽然算盘是一种过于古老的工具，但它在世界各地日常生活中的普及率依然十分惊人，尤其是在东南亚（例如新加坡和泰国）和东亚（例如中国、朝鲜和日本）。在日本，它被称为十露盘（*soroban*）。算盘呈长方形，通常由木头制成，外框之内有一道横梁和若干根俗称为“档”的立柱，每根立柱上贯穿了 7 颗木制小珠子，其中有 2 颗在横梁上方，5 颗在横梁下方。立柱的数量一般在 8 到 20 根，甚至可能更多。

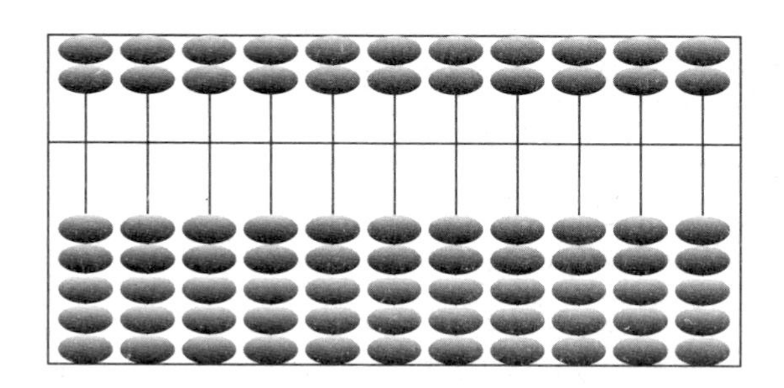

鉴于立柱上的 7 颗算珠就能表示从 0 到 10 的数，并且每根立柱都对应于 10 的某次幂，因此有 20 根立柱的算盘可以表示出的数字高达 $10^{20}-1$。

并不是每个能接触到竹子或木头的地区都发明了像算筹或算盘这样的计算工具。之前我们已经介绍了几千年前苏美尔人如何用石头来表示数位和数字。在美洲，玛雅人的数字系统与中国的数字体系很相似，并且也使用石头作为度量的基础。此外，玛雅人还有代表0的符号。在美洲大陆更靠南的地方，我们可以发现另一种与算筹和算盘极为不一样且非同寻常的计算工具。像算筹和算盘一样，它很容易携带，这不仅因为它的尺寸不大，还因为它很柔软。除了人体外，印加人的结绳文字奇普是第一种记录数字信息的柔性工具。

印加人的结绳文字奇普

奇普是印加人用来记账的一束绳子。通过研究遗存下来的奇普，我们可以发现数字信息记录是如何被保存的。算盘主要由穿过小棍子或线的木算珠组成，而奇普则是用绳结而不是呈直线排列的算珠来计数。一个绳结所代表的数位和数字取决于它在绳子上的位置和颜色。

印加奇普（图片来源：Claus Ableiter）

奇普多由毛线或棉线制成。各式各样的绳子被广泛应用于日常事务中，例如建造桥梁、纳税等，因而对印加人来说极为重要。人们认为奇普用来记录与人口登记和庄稼收成有关的会计信息，尽管它并未被全部破解，其含义也不可能被完全确定。

对奇普而言，打绳结的方式、绳结的颜色以及它相对于其他绳结和绳子的位置非常重要。对奇普不断扩展，就能形成一条上面悬挂着多条小绳子的主绳。要想看得更清楚些，就需要将奇普轻轻抹开使每条绳子相互分离，这也有利于我们根据奇普的全貌来猜测它的含义。

印加人没有书写系统，奇普就是我们所能找到的最能接近他们文化的遗物。除了用来表述数学外，有可能某些奇普还记录了生活中的历史和社会事件。

奇普由主绳和副绳组成，主绳比副绳粗，用来悬挂多条较细的副绳，副绳上打有绳结。使用同样的方法，副绳上还能挂着第三层、第四层甚至更多层的绳子，从而使整个奇普最终呈现一种树状结构。绳子的数量可以是几根，也可以是几百根甚至几千根。不同的副绳有可能在主绳上沿各个方向延伸。如果将奇普平铺在平面上并把它的主绳水平放置，就可以看到有些副绳朝上伸展，而另外一些副绳指向下方。主绳上不同副绳的长度也可以将它们区别开来。这一点在副绳和其他层的绳子上也同样适用。绳子可以是单色的或彩色的，因此通过颜色也能区分它们。此外，就像绳结通常代表数字一样，颜色也能代表与数字相关的对象，例如不同的物品或人群。

像我们一样，奇普的数字系统也是十进位制的，但不同的是其中的数字用绳结来表示。致力于民族数学研究的美国数学家马西娅·阿舍尔仔细分析了许多奇普并把它们的绳结分为三类：单结、长结和 8 字结（有时又被称为缩帆结）。单结（又称半结）是大家都知道的那种最简单的结。长结又称多重单结，是单结的拓展版，二者的区别是打单结将绳子与绳端相交穿过绳环时只需要缠绕一次，而打长结时则需缠绕两次或更多次。打 8 字结需要沿不同的方向缠绕两次。另外还有一种特殊的结需要介绍一下——不打绳结就代表数字 0。

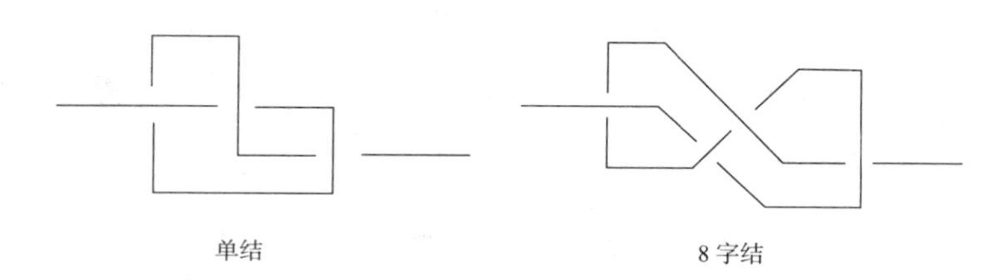

阿舍尔曾用若干符号来代表这些结，我们可以将其继承并做适当修改：黑色实心圆点代表单结，小叉代表长结。与阿舍尔不同的是，我们用字母 O 而不是字母 E 代表 8 字结。每条绳子上的结都被间隔分成不同的组。从绳子的末端开始数，每个间隔都与 10 的整数次幂依次对应。

绳子末端不用单结，因此可以选择使用长结或 8 字结，但用一个长结去代表 1 又没多少意义，这就是 8 字结被引入的原

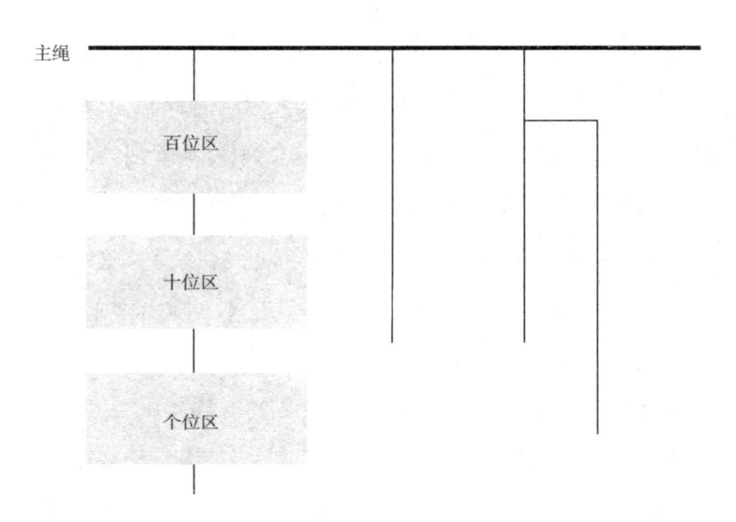

因。也就是说，绳子末端的数字用 8 字结表示。按照前面所做的约定，我们就可以在下面的示意图中表示各种绳结：

奇普是一种使用了十进位制的编码工具，但现在还不知道它是否也被用来计算。

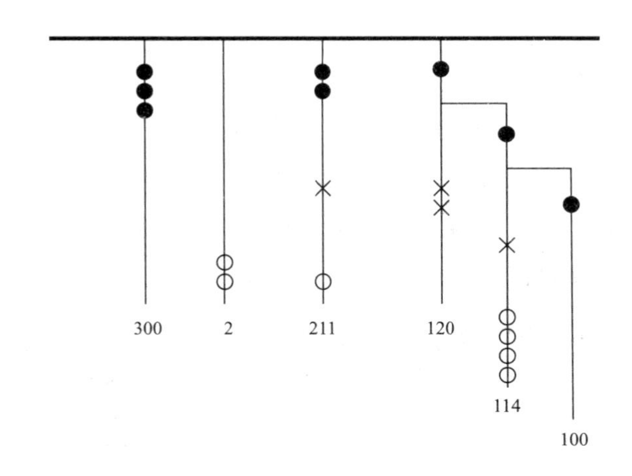

第三章

用于敬神的数学

亚洲建筑

在长达千年的中世纪里，欧洲科学几乎没有取得任何进步，直到意大利文艺复兴和大航海时代的海上探险成功地将欧洲大陆从沉睡中唤醒。此时通过旅行，欧洲人才知道在他们的大陆之外还有那么多东西。除了商品和财富以外，那些地方还有其他民族和文化，有其他的信仰和生活方式，有前所未知的可以丰富欧洲人餐桌的蔬菜和植物，有纺织品、设计和建筑，当然，还有数学思想。

当时的亚洲建筑以佛教为基础。佛教不仅是一种宗教，也是一种生活哲学，其思想以四个方面为中心：第一，众生皆苦；第二，爱欲是诸苦之本；第三，灭除诸苦，当舍爱欲；第四，舍弃爱欲者，当修八正道。

印度的桑吉大塔又称桑吉佛塔或桑吉大窣堵波，是始建于公元前1世纪的佛教建筑。建造佛塔有多种目的，它们最开始只是陵墓，后来又被用来当作存放佛祖舍利等宗教遗物的建筑，从而成了圣地或者纪念重大事件的场所。朝圣者必须按照顺时针的方向绕着佛塔走。

桑吉大塔的结构呈半球形，直径约 40 米。像所有佛塔一样，它的顶部有一个边长 6 米、被称为宝匣的方形平台。在方台之上还有 3 层石质相轮，相轮呈圆形，直径往上逐渐变小，另外还有一个刹杆穿过各个相轮的圆心。

位于印度中央邦的桑吉大塔（图片来源：Tom Maloney）

我们不知道建筑师们通过什么方法把桑吉大塔塑造成这种形状。一种假设是他们以一条长绳为半径去画塔基的圆周。但他们是如何得到半球形圆顶的曲率的呢？我们说它呈半球形，但它的外形真的是那样吗？半球形覆钵式塔的墙壁与地面接触时呈直角，这种情况通常并不在佛塔上出现。他们通过什么方式在顶上修筑了方形的宝匣？要想完成这项工作，必须先知道画直角的知识。他们是否使用了与古埃及人相同的方法？在那个时代，人们已经知道边长分别为3、4和5的三角形有一个直角。在现代建筑工程中，通常利用这种性质在地面上画直角，在瑞典和阿根廷也都有这样的记载。另一种构建直角的实用方法是画一个等腰三角形，再把过顶角的顶点与底边的中点连接起来。这两点之间的线段就是等腰三角形底边上的高。这些步骤与本书第一章中构建埃及金字塔底面直角的做法非常相似。

随着时间的流逝，佛塔的结构演变为更复杂的形式。例如尼泊尔的博大哈佛塔也呈半球形，但是却坐落在一个代表曼荼罗的底座上。曼荼罗是一种基于中心对称的几何图形，用来表达对宇宙的理解。它们的结构经常是圆形或方形的，由源于正方形且呈中心对称的不规则多边形组成。博大哈佛塔的基座即由此构成，而且塔顶上也有一个宝匣。

与桑吉大塔不同的是，博大哈佛塔的宝匣上还有阶梯金字塔形的13层塔身，塔身依次层层向上垒筑，边长逐渐缩小，并最终收拢于塔顶的伞形华盖。这13层塔身表示13种层次的知识，代表通往涅槃的途径。

在宝匣之上的塔身形似灯塔，是佛塔的主要特征。有些塔身的组成部分是圆形的，例如桑吉大塔上作为塔身原型的相轮；有些塔身是金字塔形的，例如博大哈佛塔；或者是圆锥形的，例如斯里兰卡古代首都阿努拉德普勒（Anuradlhapura）的佛塔，但不管它们是什么样的，其形状都基于几何图形，而且

尼泊尔博大哈佛塔（图片来源：MAP）

博大哈佛塔的平面图

直径都越往上越小。

也许正是上面所说的最后一点激发了人们建造宝塔的灵感。宝塔是一种多层的寺庙建筑，横截面为正方形或正多边形而非圆形，源自尼泊尔，也见于中国和日本。例如始建于公元 7 世纪的西安大雁塔就有 7 层，每层都呈正方形；建于 11 世纪的应县佛宫寺释迦塔（俗称应县木塔）每层的形状都是八角形。

印度尼西亚爪哇岛婆罗浮屠的建筑式样则达到了三重目的：它既是佛塔，又呈曼荼罗的形状，还是须弥山（神灵居住的地方）的复制品。这使得它既是一座佛教寺庙，又是一栋印度教神殿。婆罗浮屠建于 9 世纪，整座寺庙被分层建造，形似覆钵，让人联想起窣堵波呈半球状的外观。但与窣堵波不同的是，它并非一个单独的半球，而是由多个分布于各个阶梯状石台的小佛塔或小佛龛集聚而成；同时 10 层阶梯状石台的设计

印度尼西亚爪哇岛婆罗浮屠（图片来源：Gunawan Kartapranata）

婆罗浮屠的平面图

使它从俯视角度看就是一个曼荼罗。第一阶石台现在仍被掩埋。10 层阶梯状石台的最高处有一座巨型钟形窣堵波，里面有一尊佛陀的雕像。

沿着这 10 层石台上的圆形和正方形回廊顺时针往上走，就象征着信徒们逐步达到涅槃的境界。他们一路上只能在建筑外面走，因为婆罗浮屠并没有内部空间。婆罗浮屠的基座是正方形的，边长达 100 米，在此地唯一能举行的仪式就是绕着这座小山一样的建筑行走。

婆罗浮屠上表现出来的数字很令人惊奇，因为这些数字之间的关系与乘法有关。首先，在最上面的 3 层石台上并没有建大窣堵波，而是修筑了许多小佛塔，这些小佛塔呈圆形分布，数量从下至上依次减少，分别是 32、24 和 16。每座佛塔里都有一尊佛陀塑像，再加上其他层壁龛里的塑像，婆罗浮屠塑像的数量共有 504 个。[①]

各层平台石壁上浮雕的数量有 120 个、128 个和 72 个等，合计 2 700 个。以几何的观点来看，婆罗浮屠是由方形和圆形构成的；而从数量上看，它又与数字 2、3、5 和 7 有着密切联系，因为把与它相关的数字当作乘方的幂或幂的乘积的话，上面几个数字就是幂的底数和指数：

$$120 = 2^3 \cdot 3 \cdot 5$$
$$128 = 2^7$$
$$72 = 2^3 \cdot 3^2$$
$$504 = 2^3 \cdot 3^2 \cdot 7$$

其中一些数字还能被分解为连续自然数的乘积：

$$120 = 4 \cdot 5 \cdot 6$$
$$72 = 8 \cdot 9$$
$$504 = 7 \cdot 8 \cdot 9$$

除了平行、垂直、圆形和正方形外，从婆罗浮屠上我们也能看到把一个圆分割为 16、24 和 32 等份的情况。如果我

---

① 加上最上面那个大窣堵波内的塑像共有505个。——译者注

们把一个圆的外切正方形各边中点连接起来，或者画出这个正方形的对角线，都能将这个圆分为 4 等份。同时这 4 条线又把圆分为 8 等份。上述这些点是否被用来布局建筑的组件？如果是这样的话，只要再增加一些类似的中点就能够将圆近似地分为 16 等份，再重复相同的过程，还能将圆分为 32 等份。

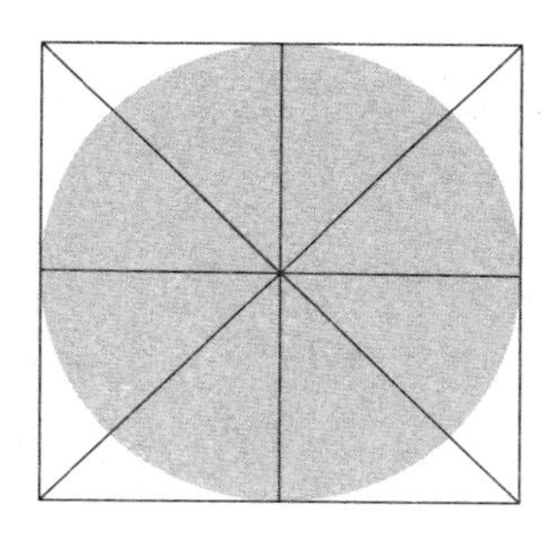

将正方形和圆分为 2、4 和 8 等份

能将圆分为 24 等份其实就意味着能将它分割成 3 或它的整数倍，如 6 或 12 等份。不用三角几何学就能将圆分为 12 等份有一个简单的方法，我们不知道 9 世纪建造了婆罗浮屠的建筑师们是否使用了这种技巧。首先画出这个圆的外切正方形，方法是画出 4 条圆的切线，使相邻 2 条切线之间相互垂直；然后将正方形的每条边分成 4 等份，并画出相应的网格线；最后将圆与网格线的每个交点与其相对的交点连接起来，从而形成将圆分为 12 等份的 6 条直径。进一步，如果对其中的每个等份画角平分线，就能将圆分为 24 等份。

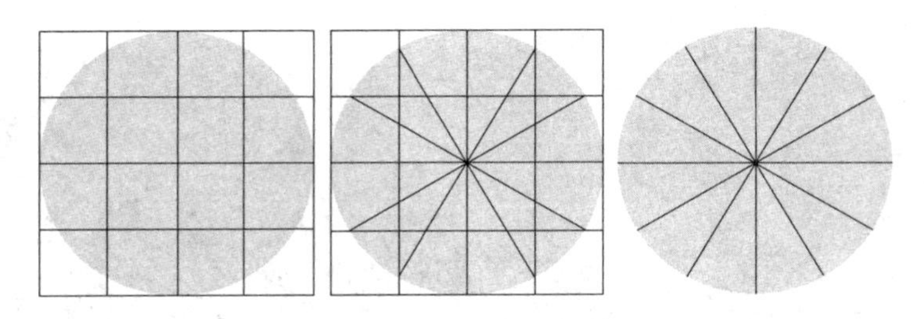

将圆分割为 12 等份

虽然当我们用纸和笔来作图时，这种方法是合适的，但有可能婆罗浮屠次顶层上的 24 座佛塔是通过测量圆周的长度然后再 24 等分的办法平均分布的。也就是说，它是一种平分线段而非等分圆周的思想。

位于柬埔寨的吴哥窟建于 12 世纪，是高棉文化最辉煌的代表。吴哥窟位于暹粒市以北若干公里外，它的名字的意思是“寺庙都城”，并凭借其规模成为世界上最大的寺庙建筑群之一。它的建筑式样基于正方形和矩形。吴哥窟虽然因规模、方位、形状和雕塑而被认为具有天文学和宗教形象研究方面的象征意义，但它的设计初衷一方面是作为国王苏耶跋摩二世（King Suryavarnam II）的王陵，另一方面是为了供奉印度教中的毗湿奴。

吴哥窟之所以能够历经岁月侵蚀而幸存，是因为它是由石头建造的，而像第一座宝塔那样的宗教建筑则由于是木制的而消失在丛林中。吴哥窟主建筑的平面轮廓呈矩形，长 341 米，宽 270 米。

柬埔寨吴哥窟（图片来源：Bjørn Christian Tørrisen）

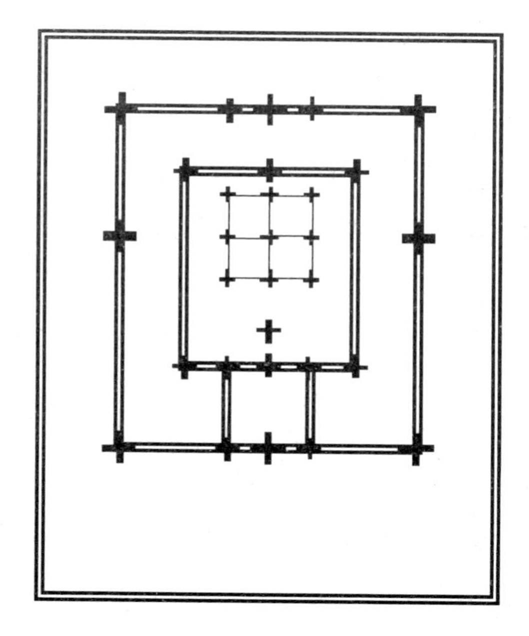

柬埔寨吴哥窟平面图

由于其首要功能是陵墓，像世界上大多数类似建筑一样，吴哥窟的建筑是面向西方的。作为神庙，它反映了印度教的宇宙观，即海洋包围着位于中央被若干个大洲环绕的须弥山。如果人们在每年6月21日进入神庙，就会看到正中心的主塔指示了太阳在天空中运行的轨迹。在古印度的历法里，这一天被定为每年的第一天。神庙入口到中央祭坛的距离是1 728高棉肘尺（hat，高棉人的度量单位），这对应的是印度神话中宇宙的第一个黄金年代所存续的1 728年。总而言之，吴哥窟本身就是当时的高棉人所了解的知识的坚实证据。除了它装饰性的雕刻所展现的艺术外，从数学的观点来看，吴哥窟也是一座包括图形、对称、平行、垂直、矩形、圆形、测量和数字等数学对象的宏伟杰作。

在亚洲大陆上，佛教先是从印度传到了中国，然后又于公元6世纪通过中国传播至日本。当时日本已经有了一种基于自然崇拜的本土宗教，它起初并没有正式的名称，后来才被命名为神道教，以与新进入日本的佛教相区别。日本人不需要在这两种宗教之间做出选择，他们大多数既是神道教的信众又是佛教徒。前者与实际生活或具体事物相关联（例如收成、经济状况、成功和工作等），而后者则与形而上的思想有关，例如道德观念和死后魂归何处等。

日本大多数地区都有神道教神社和佛教寺庙。通过正门入口的样式，人们就能很容易地将二者区分开。神道教神社的入口叫鸟居，由两根立柱和两根横梁搭建而成。传统的鸟居是木制的，代表着神栖息的神域的大门，一般被漆为鲜红色。

日本京都伏见稻荷大社入口（图片来源：MAP）

体量较大的鸟居建筑结构可能更复杂一些。例如在日本广岛县一个名为严岛的小岛上有一座严岛神社，它的大鸟居的结构就格外引人注目；大鸟居由三个立面组成，中间那个立面的横梁穿过了另外两个相互平行的立面。假如说把代表大鸟居所在的海平面的符号设为 π，那么整个建筑结构就包含了 4 个平面 π_1、π_2、π_3 和 π，它们之间平行（ ∥ ）和垂直（ ⊥ ）的关系为：

$$\pi_1,\ \pi_2,\ \pi_3 \perp \pi$$

$$\pi_1 \parallel \pi_3 \perp \pi_2$$

这些平面共由 12 根巨大的树干或木段组合而成。

严岛神社的大鸟居（图片来源：MAP）

要想造访京都郊区伏见稻荷大社内的宗教建筑群，需要穿过上千个鸟居，又称千本鸟居。这些鸟居构成了稻荷山长达4 000米山路的一部分。在某些路段，鸟居之间的距离只有几毫米。这一系列门，或者更确切地说是平面组合在一起，构成了一个三维空间，一个弯曲的由平行的屏障构成的棱柱体，随着山势向上延伸，一直到达山顶为止。

新大陆的本土建筑

1至6世纪，阿兹特克文化存在于中美洲地区。它的宗教中心特奥蒂瓦坎是一座网格状的城市，这种布局来源于天文学，目的是使这座城市成为天空和天体运行的模型。城市的中央大道连接着各个高大的阶梯形金字塔，塔顶可经由金字塔上长长的台阶到达，上面有用来进行血腥的活人祭祀的神庙。

阿兹特克金字塔的基座都是正方形，共有4层。其中最大、最古老的金字塔底面边长213米，高度超过了60米，其方位被巧妙地布置，使它在夏至日或冬至日可以指示出太阳的自转轴。除了这座金字塔各层侧面都呈斜坡状外，其他位于特奥蒂瓦坎的金字塔的4层外立面都与地面垂直。

玛雅文化与阿兹特克文化起源于同一时代，但玛雅文化延续的时间要更长一些。与阿兹特克文化一样，玛雅建筑物的方位也与天文观测结果相吻合。在美洲本土文化中，玛雅文化第一个发明了拱券技术。玛雅金字塔也呈阶梯状，高度可达70米，但它的底面并不是严格的正方形。玛雅人留下的奇琴伊察（Chichen Itza）遗址中有一座被西班牙人称为“城堡”的金字塔，底面呈正方形，有9层，顶部有座方形神庙。金字塔的4个侧面都各有91阶通往神庙的阶梯。令人感兴趣的是，4·91=364基本上是一年的天数。因此有些人推测，这些台阶可能是日历的模型。

公元1500年左右，西班牙征服者到达秘鲁，与印加帝国发生了“碰撞”。当时印加帝国的势力范围几乎已经扩展到了整个安第斯山脉。印加人曾掌握着整个美洲最先进的技术，这也许是因为他们的文化相对来说更有实用价值。印加人能纺织，在公元10世纪前就能制造含有金和铜的合金，还拥有一个以灌溉和梯田为基础的农业系统。

13世纪时，印加帝国的首都是库斯科城（Cuzco），它位于长达6 000千米的“众山之间的皇家道路”上，被城墙包围。这些道路将帝国的居民点连接在一起，令西班牙人大为吃惊。围墙由多边形的巨石砌成，巨石之间咬合的精度可以达到毫米级。库斯科的建筑呈矩形和圆形，上面的窗户和门则是梯形的，成为印加文化的显著标志。

印加建筑并没有表现出对直角的特殊偏好，门和窗户的框架都是梯形的。被砌成的石墙也不是由像网格一样的直角结构组成，而是由有各种角度的石块修建，这种由彼此之间紧密结合的石块砌成的石墙已经成为印加文化的象征。另外，这种结构也展示了印加人对平行的认识。

秘鲁库斯科城的印加石墙（图片来源：Martin St-Amant）

石块的每个侧面都被精心打造成型以使它与相邻石块相互吻合，就好像两个规则的平面被相互摩擦直到它们都变得平整和光滑为止，最终人们所能看见的就只有部分侧面和石块间的缝隙。巨石上那些人们看不到的侧面和棱其实也是相互平行的，这种平行似乎是印加人在长期实践中摸索出的成果。

伊斯兰教建筑

伊拉克萨迈拉（Samarra）的大清真寺始建于 9 世纪，在随后的许多个世纪中都是世界上最高的清真寺。今天遗存下来的只有它的矩形围墙和壮观的高达 50 米的螺旋形宣礼塔。像当时的许多建筑一样，清真寺围墙的长宽比被设计为 3∶2。沿着外墙有 44 根圆柱作为扶壁。在墙边的扶壁底面呈半圆形，而在 4 个角上的扶壁底面则是 3/4 圆形。

在萨迈拉大清真寺里，我们可以找到之前提到的其他庙宇中常见的几何元素，例如矩形、宣礼塔的方形底座以及庭院中柱子的平行和垂直元素。但不同的是，在这座建筑物中，圆形和正方形被结合在一起，形成了螺旋形结构。

在佛塔中，螺旋形就曾作为一种象征性元素出现过（参见本章开头的图片），但萨迈拉大清真寺宣礼塔则基于一种呈螺旋式上升直指苍穹的结构。围绕着塔轴共有 7 圈到塔顶的螺旋形阶梯，它们向上的坡度并不固定，从上往下数第二圈最陡。塔的总体结构也不是圆柱形的，而是一种越往上越小的圆锥形。

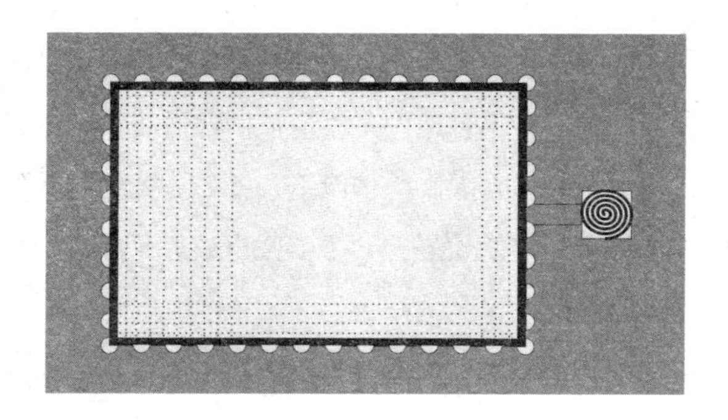

伊拉克萨迈拉大清真寺建筑平面图

如果我们沿着萨迈拉大清真寺宣礼塔的螺旋形台阶往上爬，可能会遇到一个问题。塔上没有扶手，因此如果沿台阶外侧爬会比较危险，有些人甚至可能会出现眩晕。比较而言，在内侧最安全。另外，在此我们还会注意到关于螺旋形台阶的一个令人感到好奇的特征：与正常的坡度固定的台阶不同的是，根据我们沿着螺旋形台阶的哪侧走，螺旋形阶梯的坡度会发生变化，即使所有的台阶都一样也是如此。这是台阶的外边缘部分较宽造成的。每个台阶的高度（垂直距离）相同，但台阶外侧部分的水平距离要更大一些，这就使得高与水平距离之比要小一些，因此坡度也就相应变小，而沿外侧要走的路也就更长。因此如果沿着螺旋形台阶内侧往上爬，就意味着距离更短但攀登得更辛苦；而沿着外侧往上走，则距离更长但爬起来更不费力。

供神的祭品

迄今为止，我们讨论的都是与宗教建筑相关的数学思想。现在，让我们把注意力转向一个在宗教中非常重要而且与教众直接相关的问题。世界各地的宗教信徒们通过祈祷的方式来向神或神们祷告，并且在大多数情况下，食物、礼物和其他供品都会被奉上以平息神的愤怒，希望与魔鬼或恶灵和平共处，或者祈求好运。

如果说世界上有一个生活各方面都被宗教控制的地方，那它就是印度尼西亚的巴厘岛。与在这个国家其他地区占主导地位的伊斯兰教形成对比的是，巴厘岛的民众信仰从印度传来的印度教。在岛内各处分布着数以千计大大小小的神庙和祭坛。宗教设施存在于每一个房子中，它们有可能位于圣地，有时也会被建造在类似十字路口或机动车道等危险的地方。

巴厘岛的一天以森撒晋（*sesajen*）开始。这是一种主要由妇女在一日三餐前举行的简短仪式。除了祈祷外，前一天剩下的食物会以供品的形式被放在地上，置于家庙旁、家门口和十字路口。这些供品被称为卡纳（*cana*），主要成分是少量米饭、碎肉、饼干、花瓣、熏香和圣水。人们希望栖身于万物中的神灵能够尝一口供品，而无论神留下什么祭品，鸟都能轻易清理完。

奉给神的祭品不能以敷衍的态度随意制作。神需要崇敬，这一点不仅要在向神祷告时清楚地表达出来，也要明确地通过敬奉祭品的方式和盛放祭品的容器等方面来体现。因此，在准

钱与数学

有一件事对世界各地的货币极为重要——它们必须非常难伪造。为了做到这一点，纸币内会含有金属材料去形成隐藏的识别标记。在卡塔尔的纸币 1 里亚尔上，我们可以看到由锁链构成的对称的正八边形，还有一条航船以不同的比例在纸币上重复出现。另外，纸币上的拱门、柱子还有通过去掉正方形的角而得到的白色不规则六边形都是对称的。

类似地，文莱硬币上的图案重现了婆罗洲丛林居民的螺旋形设计。游客到达某地后获得的第一印象就来自货币上体现的数学。

卡塔尔面值为 1 里亚尔的纸币背面

文莱面值为 10 分的硬币

备盛放祭品的容器时要格外小心。这些容器的材料来源于棕榈树和香蕉树的嫩叶，在正式制作之前需要先把它们切割成特定的几何形状和大小。

印度尼西亚巴厘岛上的居民为森撒晋仪式准备的祭品卡纳

祭品盛器的形状多种多样，最常见的就是上图显示的那几种。它们不是随意制作的产物，每天都可以看到各个年龄段的妇女用叶子来折叠和编织盛放祭品的盒子和包装。看到它们的时候，有一个问题浮现在人们的脑海中：制作者是如何保证小盒子呈正方形的？包装上的直角又是怎么折出来的呢？

要想知道如何折出这些几何图形，不需要像考古学家那样做出某种假设，因为我们可以从制作者那里直接得到答案。下面我们来介绍一位巴厘岛女士制作这些正方形盛器的步骤。

具体制作步骤如下：首先，将棕榈树的嫩叶切割成大致相同宽度的长条，具体宽度由叶子的纹理决定；其次，把食指根到指尖之间的距离当作度量单位，在棕榈叶制成的长条上做 4 个连续的记号；接着将第一个记号和最后一个记号对齐，把棕榈叶长条折起来；然后几片被预先分割好的相同长度的香蕉叶被组装为更大的一片，最后再把它塞进棕榈叶制成的方框里。这样，一个用来盛祭品的方形容器就完成了。

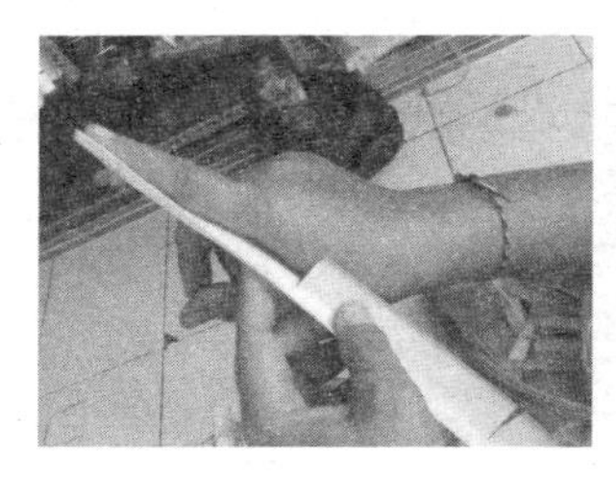

1. 确定度量单位

2. 在棕榈叶制成的长条上做 4 个度量单位的记号

3. 把棕榈叶制成的长条折起来

4. 香蕉叶的长度也得加工成 1 个度量单位

5. 若干片香蕉叶被组合起来制成盛器的底

6. 组装上底后，盛器就做好了（图片来源：MAP）

制作者知道自己做的是一个正方形，因为她能用眼睛看出来，也因为她用了一根被分为 4 等份的长条去制作它。这保证了四边形的边长都相等，但不能确定各个角度是多少。事实上，这个被折成的四边形是个菱形。最终的正方形是通过塞入香蕉叶底盘制成的。由于香蕉叶的长度和正方形的边长相等，菱形的高也就和边长变得相等了。因此最终制成的就是个正方形的小盒子。在无数个可能的菱形（边长相等的四边形）中，只有一个是正方形，而且它的面积最大。

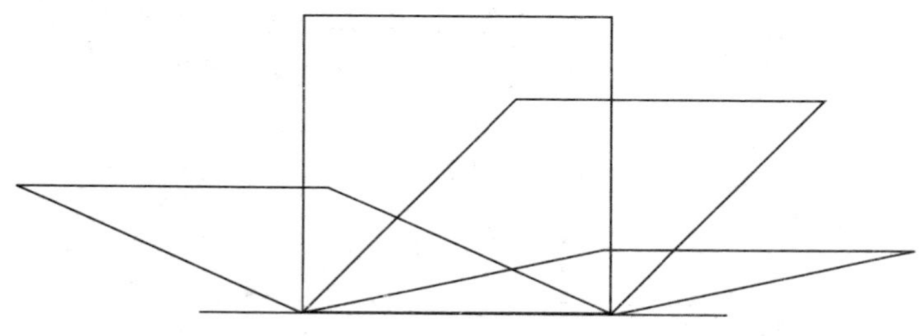

无数个边长相等的菱形中的几个例子

欧几里得式的数学分析可能会使我们认为上述做法不足以保证结论的正确性。从这个视角来看，这位女士实际上是把下列定理付诸实践：高与边长相等的菱形是正方形。

证明过程很简单。菱形的两个邻边能构成直角三角形的两边，但只有这两边是直角边，也就是说它们互相垂直时，这个菱形才能是一个正方形。

一些相同的更短一些的长条也被用于供品的各种设计中。它们会被恰如其分地准备好，呈现出几何状的外观，其中的一些还被用来表现花朵的式样。它们是通过用同样的方式折叠或扭转长条的方式得到的。

下面的图片展示了一种祭品容器的制作过程。其制作材料是一片矩形的香蕉叶。矩形的长宽比大概是 2∶1；矩形的中心和对角线被标出来，然后再折叠起来，使得两个底角互相重合。这就意味着矩形上面那条边被弯成了一条曲线，最终形成了一个可以放置祭品的空心。

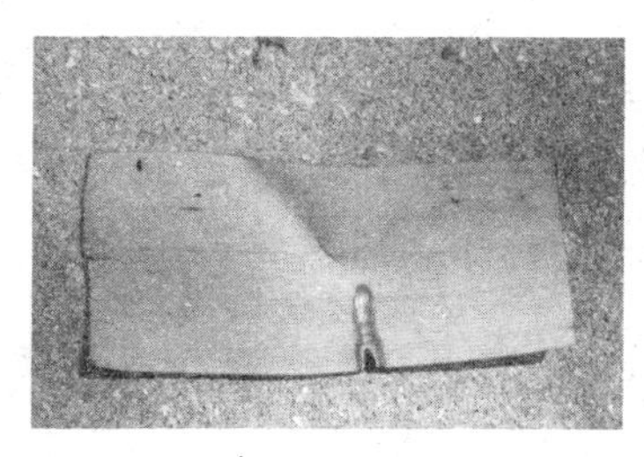

上左图：画出长宽比为 2∶1 的香蕉叶的底边中线

上右图：第一次沿对角线折叠矩形

下图：第二次沿对角线折叠形成了一个可以放东西的空间

如下图所示，制作的时候要沿着矩形下半部分标出的两条对角线折叠。设矩形的长为 $2x$，宽为 $2y$，则新形成的三角形的底边是 $2x$，刚好是右上方与它相邻的直角三角形位于上方的那条直角边的 2 倍，因此折叠形成的角将会是反正切 $\arctan(x/y)$ 的 2 倍。

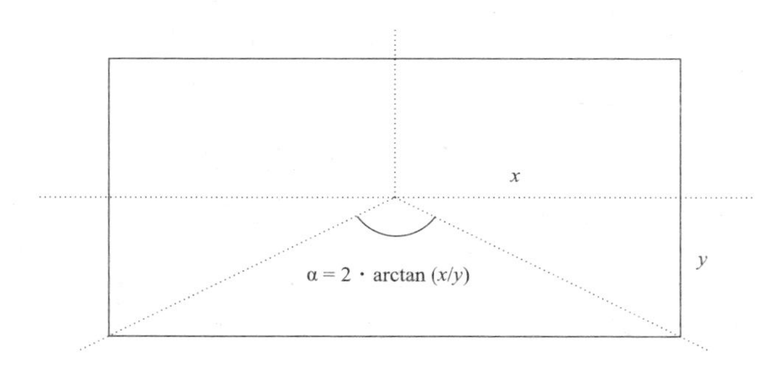

沿对角线折叠一个长宽比为 2：1 的矩形

然而上面所讲的并不是唯一的制作手法。根据当地习俗或者个人技能的不同，盛器可以呈现出许多种不同的面貌。此外，不是所有被制作出来的东西都得是盛器，有一些就是纯粹的装饰品，例如通过折叠细植物纤维制作的螺旋线状装饰。下面这个样子的装饰品就是由 4 种宽为 3 毫米且相互交织的纤维编织而成。

细纤维交织而成的螺旋线饰
（图片来源：MAP）

整个螺旋线饰都一圈圈地绕在一根轴上，而且只在起点和末端由轴支撑。螺旋线饰的顶端几乎呈直角，可以通过将纤维扭半圈再固定的方式做出。这些纤维以下图所示的方式交织在一起，而且图上标出的角 α 不但决定了顶端两个组件之间的角度 180°–α，还确定了螺旋线饰每一周包含组件的数量。

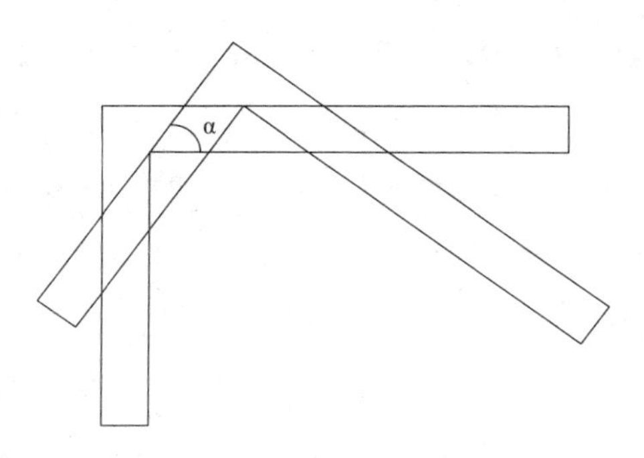

螺旋线饰的起始角

如果我们把这个过程继续进行下去的话，最终就会形成这样的图形：

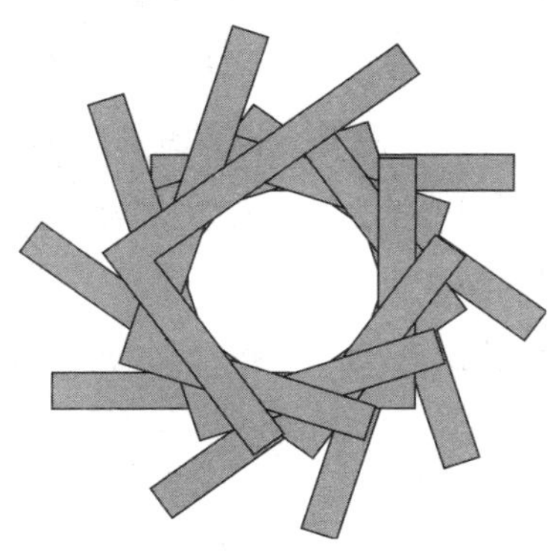

螺旋线饰平面设计图

在日本有这样一个传统，人们为祈求神的保佑，会在神社入口处挂上小木牌；学生在期末考试前这样做以求取得好成绩，家庭成员和夫妇这样做来确保有一个美好的未来，商人来参拜时如此行事则是希望能更轻松地赚到钱。

17 和 18 世纪，日本出现了一种特殊的数学现象，即上面写有数学题（大部分是几何题）的大木板被悬挂在神社或寺庙的廊檐处供大家解答。这些题有些很简单，有些则非常难。参与这种出题和解题挑战的有和尚、武士和其他社会成员。这种写有数学题的大木板叫作“算额”[①]。目前所知的最早的算额可追溯到 1691 年，现存于日本京都的八坂神社中。我曾经亲眼看过 2005 年在富山县荊波神社发现的一块算额，其制作时间可追溯到 1879 年。这块算额上共有 6 个问题，但其他算额上有超过 20 个问题。

虽然这些问题的大部分解法都是欧几里得式的，但这种与文化表现紧密相连的非学术数学活动仍然显示出文化背景对数学创造和数学活动的重要性。从这方面来说，这种数学活动的核心就是出题和解题，并且展示出显著的民族数学的特征。

大部分算额上书写的都是关于几何图形之间关系的问题。有些问题是要找出彼此相切且都内接于另一个大圆的三个圆的半径之比，另外一些问题是要算出一些图形的大小，例如内接

① 算额（sangake）即日本的和算绘马，后人称之为“算额”；“算”是计算的意思，“额”是指用来写数学题的木板。——译者注

日本高山市飞弹国分寺入口处悬挂的绘马（图片来源：MAP）

于等边三角形的各种正方形、内接于椭圆的若干圆形或者是在一个大球内的几个球等。

1781 年，藤田贞资（Sadasuke）出版了一本名为《精要算法》（*Essence of Mathematics*）的数学著作，同时还协助儿子藤田嘉言（Kagen）为撰写第一本关于算额的书做准备。该书于 1789 年出版，被命名为《神壁算法》（*Mathematical Problems Suspended at the Temple*）。关于圆相切于其他几何图形的问题在算额上反复出现。藤田贞资的著作就记述了下面这个问题的简化版本：设两圆外切且相切于一条直线，求两圆与直线切点之间的距离。

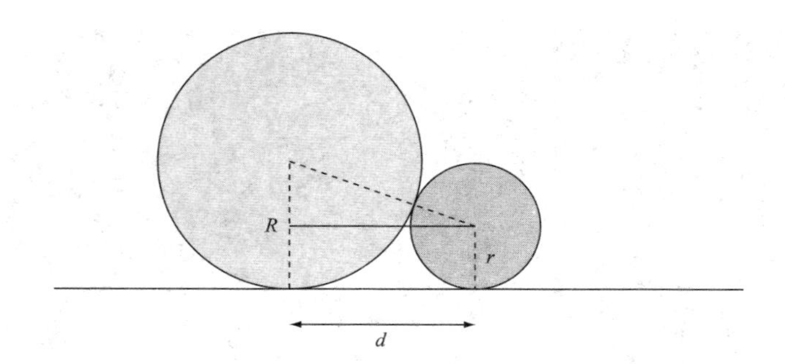

设 d 为所求的距离，R 和 r 分别为两个圆的半径。根据毕达哥拉斯定理，我们可以得出下列等式：

$$(R-r)^2+d^2=(R+r)^2 \Longrightarrow d=2\sqrt{Rr}$$

除了这个问题，我们还对它的一些特点很有兴趣，例如它与毕达哥拉斯三元数组的关系。如果三个数符合毕达哥拉斯定理，也就是说其中一个数的平方为其他两个数的平方和，则它们被称为毕达哥拉斯三元数组。例如，(3，4，5)、(6，8，10)、(5，12，13)和(119，120，169)都是毕达哥拉斯三元数组。如果数组中最小的两个数互质，则此数组被称为素毕达哥拉斯三元数组。例如(3，4，5)、(5，12，13)和(119，120，169)都是素毕达哥拉斯三元数组，而(6，8，10)则不是，因为6和8都是偶数。

藤田贞资的书中提到的另一个问题涉及下列性质的证明：如果 p 和 q 不同时是奇数的话，那么满足下列等式的三个数字

（a，b，c）就是素毕达哥拉斯三元数组：

$$a = 2pq$$
$$b = p^2 - q^2$$
$$c = p^2 + q^2$$

a 的值与之前几何问题的解的形式极为相似。如果二者相等，a 当然就能用半径 R 和 r 的平方根来表示。设圆的半径是整数的平方：$R = p^2$，$r = q^2$，它们的差 $R - r$ 是另一个整数 s。则下列三元数组是一个素毕达哥拉斯三元数组：

$$2pq = d$$
$$p^2 - q^2 = R - r$$
$$p^2 + q^2 = R + r$$

因此，上述代数问题就等价于一个几何问题。看上去这就是日本人寻找素毕达哥拉斯三元数组的本土方法。最后，书中还有一个问题，内容是当半径 $r \leq 41$ 时，怎样找到所有素毕达哥拉斯三元数组，其解为：

（3，4，5），（5，12，13），（8，15，17），（7，24，25）
（12，35，37），（20，21，29），（9，40，41）

日本冈山县濑户内市长船町有座片山日子神社（altar of Katayamahiko），里面存放了一块制作于 1873 年的算额，上面有一道有趣的几何题：把一个小圆塞入两个较大的圆之间，使三者两两相切，同时还均与它们下方的一条直线相切，则这三个圆的半径之比是多少？

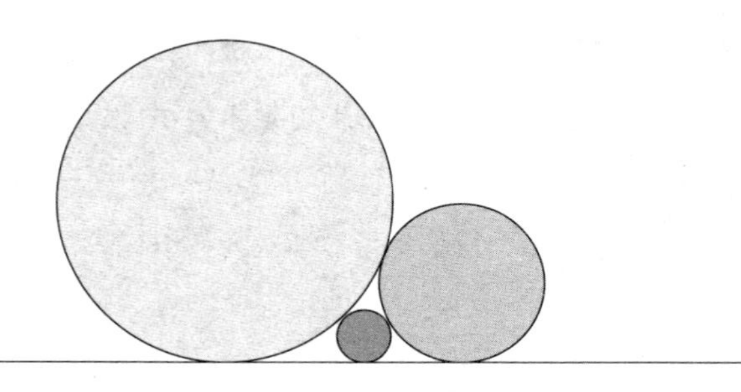

毕达哥拉斯定理被再次用于解题过程中。设 r_1、r_2、r_3 为 3 个圆的半径，且 $r_1>r_2>r_3$，就可以根据毕达哥拉斯定理算出它们之间的比例。首先，将 3 个圆心相连，画出一个三角形，再分别从三个圆心向下方直线做垂线，画出三个半径：

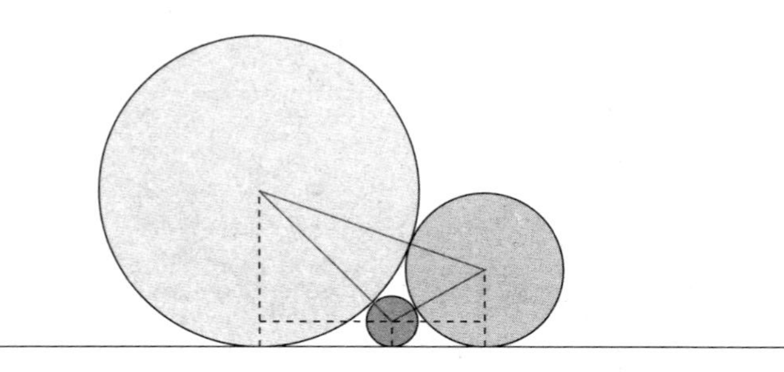

再如上图那样画上相应的辅助线，如此可得若干个直角三角形，然后就可以应用毕达哥拉斯定理了。设 d_1 和 d_2 分别为斜边长是 r_1+r_3 和 r_2+r_3 直角三角形的底边，则可得下列等式：

$$(r_1+r_2)^2=(r_1-r_2)^2+(d_1+d_2)^2$$
$$(r_1+r_3)^2=(r_1-r_3)^2+d_1^2$$
$$(r_2+r_3)^2=d_2^2+(r_2-r_3)^2$$

由第二个和第三个等式解出 d_1 和 d_2 的表达式，然后代入第一个等式，可得：

$$\frac{1}{\sqrt{r_3}}=\frac{1}{\sqrt{r_1}}+\frac{1}{\sqrt{r_2}}$$

这就是三个半径之间的关系式。它也是毕达哥拉斯定理的对偶式，如果把等式中的平方根用指数的分数形式来表达，这一点就可以更清楚地看出来：

$$r_1^{-\frac{1}{2}}+r_2^{-\frac{1}{2}}=r_3^{-\frac{1}{2}}$$

我们怎样才能找到满足上述等式的三个半径的值呢？是否存在某些全是整数或有理数的三元数组来作为它的解？从自然数平方的倒数里，可以找到具有这些性质的圆的半径的值：

$$S_n=\frac{1}{n^2}=\left\{\frac{1}{9},\frac{1}{16},\frac{1}{25},\frac{1}{36},\frac{1}{81},\ \dots\right\}$$

如果把这些结果画出来，就会看到下面的图形：

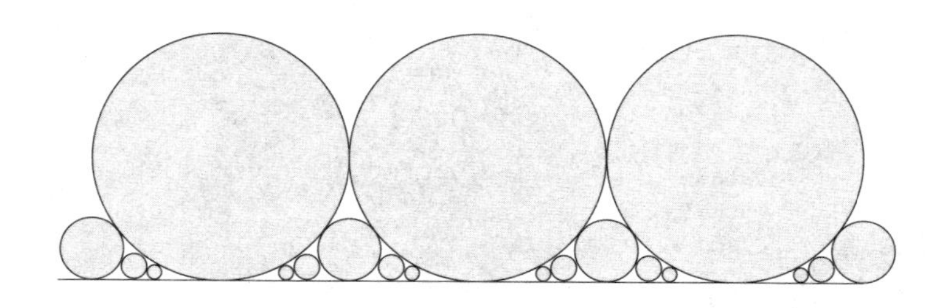

神圣的玫瑰窗

相切的圆不仅激发了日本僧侣和武士的灵感，基于这种图形的装饰图案在欧洲的哥特式建筑上也随处可见。圆在几何图形中的使用方式已经成为现实世界中基督教的标志之一。虽然它在格子花样中也有应用，但在玫瑰窗中，它才显示出最强的表现力。玫瑰窗的设计特征是在一个直径数米的大玻璃圆窗内存在着许多小圆圈和圆圈组合。大多数情况下，这些内部的圆圈不但彼此相切，还内接于更大的圆圈。西班牙巴塞罗那市的教堂松树圣母圣殿（Santa Maria del Pi）的玫瑰窗上就有许多由 4 个相切的小圆组成的图案，同时这 4 个圆形也与包含它们的圆圈内接。

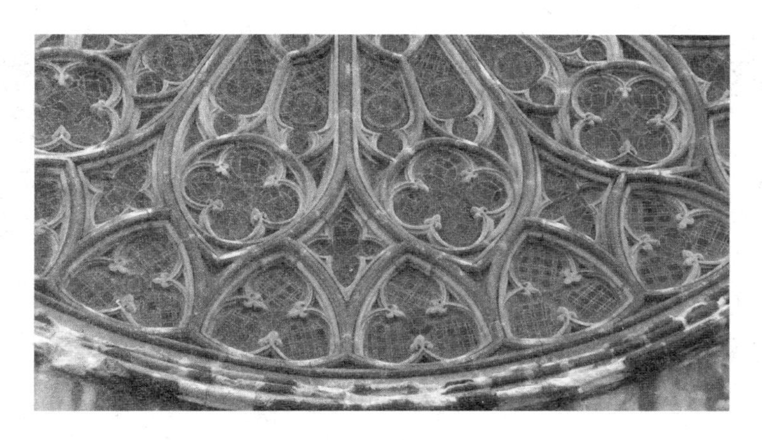

近距离观看巴塞罗那松树圣母圣殿的玫瑰窗（图片来源：MAP）

玫瑰窗上的一切都不是被随意设计的。每个设计元素都有其象征含义。这种被表现出来的象征以几何学为基础。几个世纪以来，那些早期的彩色玻璃玫瑰窗都被逐渐淘汰，但只有沙特尔圣母大教堂和巴黎圣母院采取了修旧如旧的原则。女性总是让人联想起子宫和孕育，传统上还经常与夜晚、月亮、过去和冷色调联系在一起。在沙特尔圣母大教堂，女性特质通过北墙上的玫瑰窗来表现，窗户中央画有圣母马利亚像。男性特质则是通过教堂南面的玫瑰窗来表现的，上面的玻璃色彩呈现出黄色和红色等暖色调，象征着太阳和现在，耶稣像则位于南玫瑰窗的中心。

几何学也构成了由图形所表现出来的象征含义的基础。几何相似性无论在形状和比例方面都有所反映，从而表明了相关元素之间的关系。所有元素都不是随意设计的。例如有些玫瑰窗就被分为 6、8、12、16 或 24 个扇区，而另外一些玫瑰窗的设计则基于若干个不同的同心圆。

在巴塞罗那附近的萨瓦德尔市，有一家专门从事彩色玻璃花窗制造的作坊。设计图首先会以 1∶10 的比例绘制在纸上，然后再以实际尺寸进行复制。将设计图转化为完工的玫瑰窗的过程过去需要靠眼和放大尺的帮助，现在则使用了新技术，用投影仪就可以将设计图放大到实际大小。

要确保彩色玻璃花窗具有正确的几何形状，制作过程中最重要的是时刻谨记在相邻区域之间要留出 1.2 毫米宽的缝隙。这个宽度的缝隙并不是通过在纸上按图样画线的方式标出来的，而是用一把三刃剪刀自动裁出来的。

曲线形状的迁移也可以通过使用一种名叫柔性曲线尺的工具自动进行。它是一根内有金属线的橡胶棒，可以保持之前被弯曲成的形状。这种工具可以方便地进行空间中的圆弧与平面

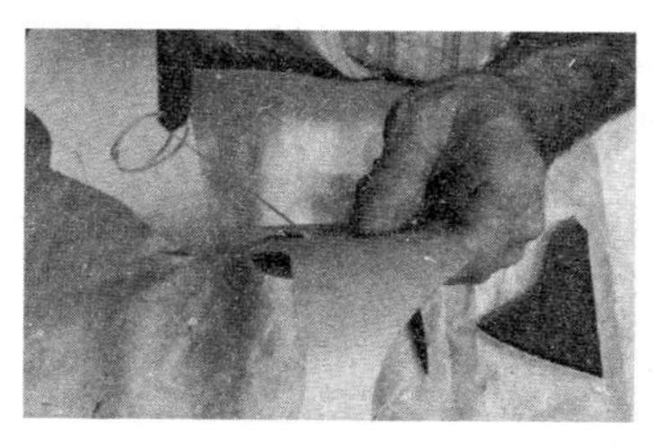

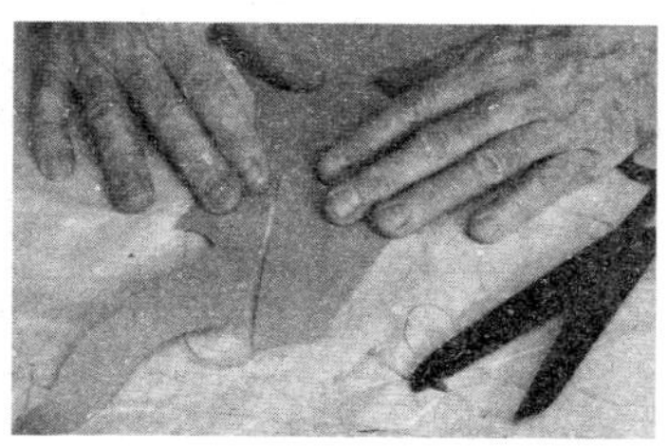

左：用三刃剪刀裁剪宽为 1.2 毫米的缝隙的过程
右：调整裁完后的两片图样，使它们之间的空隙为制作工艺所要求的 1.2 毫米（图片来源：MAP）

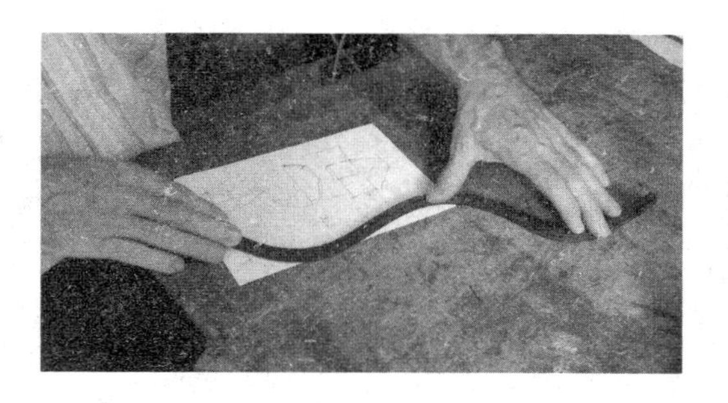

能够保持给定形状的工具：柔性曲线尺（图片来源：MAP）

上相同长度的线之间的转换。

彩色玻璃花窗的制作者必须解决的另一个问题是如何画出成比例的曲线。他们用圆规解决了这个问题，步骤如下图所示。在两条曲线都与它们的垂线相交的情况下，比例可以通过用相同长度的线段来确定。

这就带来了下面一个问题：两条相互平行的曲线是否成比例？两条成比例的曲线是否平行？

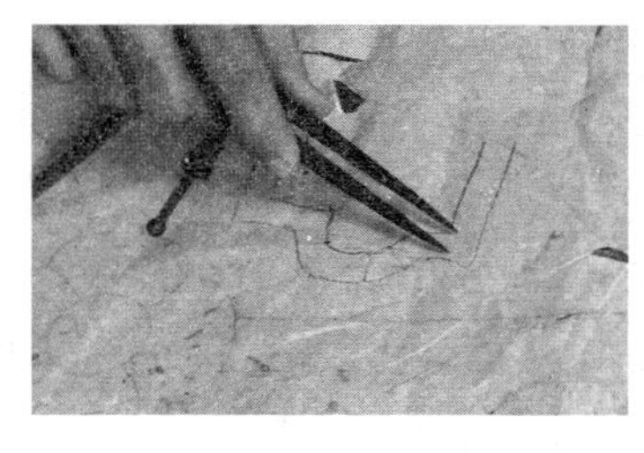

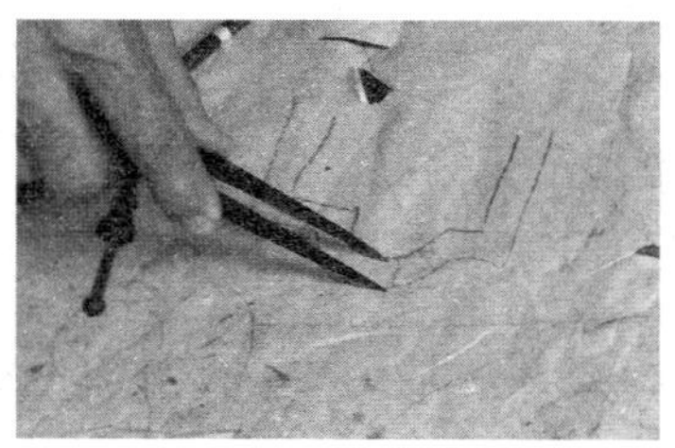

左：用圆规测出相似曲线上两个对应点的距离
右：保持圆规不变，在相似曲线的另外两个点上标出相同的距离

用圆规描出两条等距曲线的轮廓（图片来源：MAP）

对多边形曲线而言，因为它本身就是多边形周长的一部分，而相似的多边形的边是平行的，因此二者是等价的。圆弧也是如此，两条平行的圆弧同时也是两条相似的圆弧。但在一些稍微有些特殊的例子里，我们就会看到平行与相似并不等价。例如，下图中的两条曲线就相互平行，因为其中一条曲线的任意垂线也与另一条曲线垂直，而且两者之间的距离始终相等。但如果将其中任意一条曲线放大或者缩小的话，两者的关系就不是这样了。

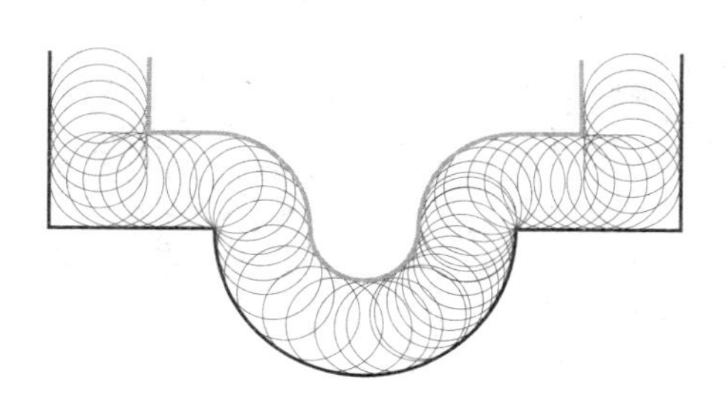

两条相互平行但角度不同的曲线

在下图中，我们可以清楚地看出多边形的折线或其外廓和与它等距的平行线性质的不同。上面有两条与矩形的角平行的轨迹或曲线，一条在外，一条在内。外平行线没有角，而内平行线则形成了一个环。

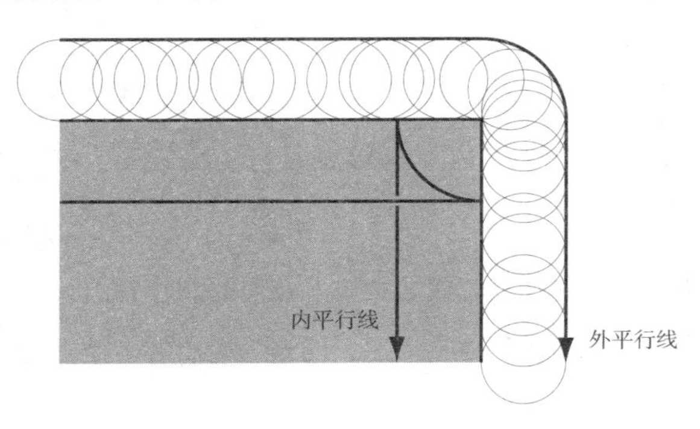

矩形的角的内外平行线

彼此相切的圆的形式在萨瓦德尔市圣菲利克斯教堂（church of Sant Fèlix）的格子花样中得到了进一步升华，花窗中每 4 个相切的圆都内接于另一个更大的圆，然后再循环往复。

西班牙巴塞罗那省萨瓦德尔市圣菲利克斯大教堂玫瑰窗近景
（图片来源：MAP）

从上图中我们可以看到一个包含了 4 个相切的小圆的大圆，而这 4 个相切的圆的圆心两两相连，又构成了一个正方形。其他 4 个圆也遵循同样的模式内接于大圆。按照这个模式不断进行下去，最终我们可以得到圆的总数 $C(n)$，它可以用以 4 为底的幂的和来表示：

$$C(n)=1+4+4^2+4^3+...+4^n=\frac{4^{n+1}-1}{3}$$

不过，与这种组合模式相比，花窗的制作者们其实对不同圆的半径之间的比例更感兴趣。设 R 为大圆的半径，则内接于它的 4 个小圆的半径 r 为：

$$2R=2r+2r\sqrt{2}\Rightarrow \mathrm{r}=\frac{\mathrm{R}}{1+\sqrt{2}}$$

这个问题与我们之前提到的 2005 年在日本富山县发现的算额上的一道几何题有关。那道题设 8 个排列成一圈的小圆半径均为 r，包含这些小圆且与它们相切的大圆的半径为 R，问题是要找出二者之间的关系。将这个问题归纳一下，我们不禁会问，如果大圆内不是有 4 个或 8 个圆，而是有 n 个圆的话，半径之比是多少呢？通过使用三角学的方法，可得其解为：

$$r=\frac{R}{1+\frac{1}{\sin\left(\frac{\pi}{n}\right)}}$$

正如我们所看到的那样，中世纪欧洲之外的建筑的存在表明了当时其他地区的数学思想。和欧洲的建筑一样，这些建筑都基于圆形和正方形，可以说没有这两种基本的几何图形，就没有宗教建筑。就像埃及金字塔和古巴比伦的塔庙那样，全世界庙宇和坟墓的建造都基于这两种几何形状。在它们的结构中其实就蕴含着平行和垂直的概念。

在这些形状的基础上再增加维度，就能构造出各种三维几何体。例如印度和尼泊尔的半球形窣堵波顶上就有个宝匣（立方体），而在哥伦布到达美洲之前的时代所建造的阶梯形金字塔也是基于这种思想。中东伊斯兰教的清真寺则更是把平面上的圆弧转化为直指苍穹的螺旋形圆锥体。

表达信仰的方式是文化中一个非常重要的方面。建筑让人和神之间的关系具体化，而建筑本身又蕴含数学。在某些文化中，是数学而不是信徒的类型直接决定了信众的敬神方式。例如在巴厘岛，妇女每天都会制作几何形状的容器或包装，用来盛放给神的供品。通过这种方式，她们将从母亲那里学到的数学思想付诸实践。这本身就是一个知识通过代际进行传递而非从正式的学术和教育环境中习得的绝佳例子。

在信徒心中为敬神做的事肯定容不得敷衍。庙宇的建造和供品的制作都必须正确无误，并且在某种程度上达到极致。从我们目前所见到的例子来看，似乎所有文化都将几何学和完美联系在一起。每种文化为此目的而发展的数学思想形成了其独特的民族数学。

第四章

几何之美

几何学本身并不会为物品增加美感，“几何之美”的实质是在各种文化中以正确的方式做事所带来的价值。它们之所以被这样描述，还要归功于制作时一丝不苟的态度。并且涉及形状时，严格与几何学密切相关。这些内容构成了恩斯特·贡布里希（Ernst Gombrich）所写的关于装饰艺术的书《秩序感——装饰艺术的心理学研究》（*The Sense of Order*）中对艺术进行讨论的基础。

走近几何

短短几年间，世界各地的机场就已经从等候航班的场所转变为具备飞机起降功能的购物中心。旅客在那里有许多可供选择的去处：报刊亭、药店、酒吧、餐厅、珠宝店、服装店、礼品店、电器店……在等待飞机起飞或者在不同的航站楼间往来时，他们可以购买各式各样的商品。

然而，机场还可以提供其他类型的服务。一些像新加坡樟宜机场这样的地方就免费为旅客们举办文化活动。如果旅客们近几年曾过境这个岛国，就能欣赏到这样的活动。在航站楼的一个前厅里，曾以展板的形式举办了一场名为“走近几何”（*Go Geometric*）的展览。一方面，这个展览着重展示了文化和几何之间的关系；另一方面，对于一些源自各种亚洲文化的建筑和手工艺品的几何图形，旅客们会被邀请去尝试把它们再现出来。

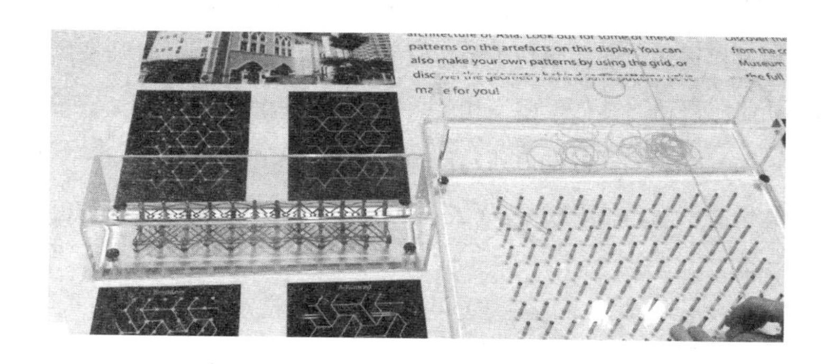

在新加坡樟宜机场举办的一场名为“走近几何”的展览（图片来源：MAP）

其中一项活动是在一张纸上盖一枚印章，从而显示出一种特别的具有象征意义的图案：盘长结是一种东方传统手工编织工艺品，也是佛门八宝之一，由线构成，是一种一笔画就的图形。它的名字源于其拓扑性质。盘长结经常在各种物品中作为装饰图案出现，例如下图就显示出它的精简版被装饰在盘子的花边上。

是什么导致盘长结永无尽头的特点呢？很明显，是组成它

上：新加坡樟宜机场举行的关于盘长结的展览
下：用章印出的图案（图片来源：MAP）

的线条那种循环往复的性质。如果从组成它的线条的任一点出发，在经过所有剩下的点后，我们总会回到起始位置。盘长结的线条是连续且封闭的，其性质完全取决于它所具有的网状结构和结的编织方式。

如果一个图形能够经过连续弹性形变（不通过切割的方式）成为另一个图形且孔洞的数目不变，则称这两个图形是拓扑等价的。因此，一枚戒指和一个画框是拓扑等价的。之前所

拓扑学

拓扑学是数学的一个分支，主要研究形状而不是把注意力放在测量上，也就是说它并不研究长度、角度、面积或体积。从拓扑学的观点来看，所有几何体都是柔软的、可变形的。如果通过连续形变的方式，换句话说，不通过撕裂或截断的方式，两个几何体都能转化为相同的形状，则称这两个几何体是拓扑等价的。例如，所有多边形不仅相互拓扑等价，而且拓扑等价于圆。多面体与球体也是如此。一件T恤衫和一张有4个孔洞的纸的拓扑结构同样是等价的。孔洞的数量可以看作区分几何体的拓扑不变量[①]。一枚戒指在拓扑变换下等价于一个带把的茶杯，因为二者都只有1个孔洞。无把的玻璃杯则不一样，因为它没有孔洞。而勺子、刀子和叉子是拓扑等价的，因为它们也没有任何孔洞。

中空的圆柱体和环形是拓扑等价的

① 拓扑不变量即几何体在连续弹性形变下保持不变的量——拓扑数。——译者注

说的盘长结和下面的图案也是拓扑等价的。并且二者都是二次旋转对称[①]的（旋转 180° 后与原来的图形重合）。

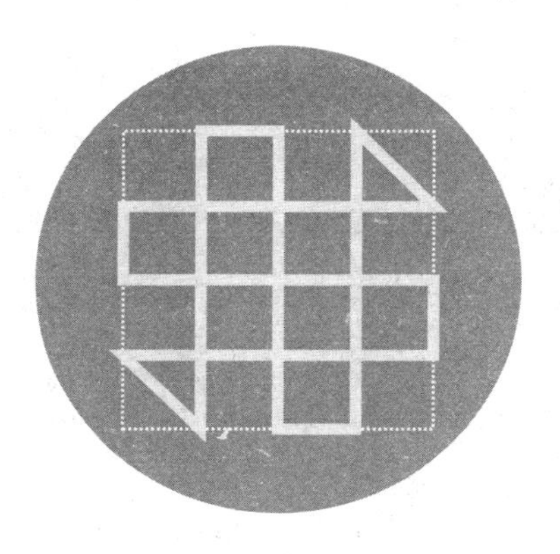

将正方形每边上的三个网格顶点以上图中的方式相连，就可以画出这种二次旋转对称的循环路径。如果每边只有一个顶点，也能获得这种性质的路径。

① 如果一个图形绕定点旋转$2\pi/n$角度后仍与初始图形重合，则称这个图形为n次旋转对称的，一周旋转中图形保持不变的次数n称为阶次。——译者注

如果每边上的网格顶点数是偶数，就得到了另外一种循环路径，它是四次旋转对称的（旋转 90° 后与初始图形看上去一样）。

除了各边只有一个顶点的情况外，无论边上顶点的数目是奇数还是偶数，都能构建出许多这样的（四次旋转对称的）循环路径。例如对于 4×4 的网格而言，就可以找出两个循环路径；7×7 的网格则存在三个循环路径。

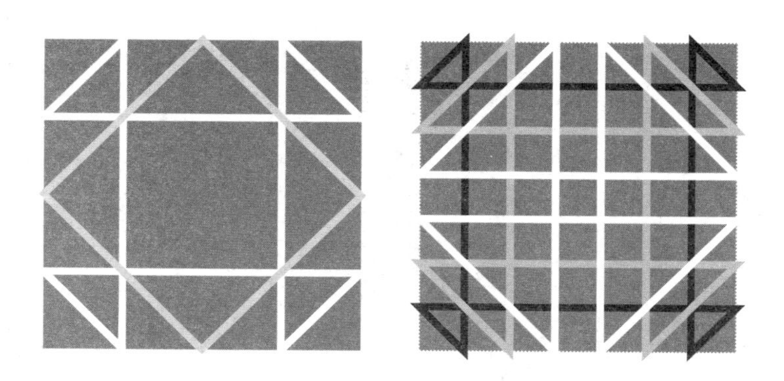

当网格边上的顶点数是偶数（网格数是奇数）时，不存在像盘长结那样经过所有顶点的路径：

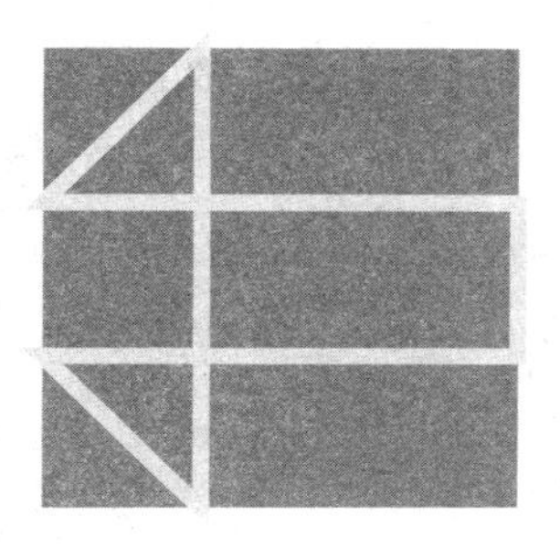

因此要想创建一个像盘长结那样能够遍历网格上所有顶点的循环路径，每个网格边上的顶点数必须是奇数，也就是说它必须有偶数个网格单位：

定理 1：如果网格有偶数个单元格，则可以找到一个二次旋转对称（旋转 180° 后与原图形重合）的路径，使得此路径类似原始类型的盘长结。

定理 2：对于有 n^2 个单元格的网格而言，不管 $n=2k$ 还是 $n=2k+1$，都能创建出 k 个四次旋转对称的循环路径。

之前我们已经看到有 49 个单元格的网格的 $n=7=2 \cdot 3+1$，因此它有 3 个四次旋转对称的循环路径；而包含 16 个单元格的网格，$16=(2 \cdot 2)^2$，也就是从中可以找到 2 个四次旋转对称的循环路径。

围绕着一个主题而变化：对称

几何设计在世界范围内普遍存在。几乎所有文化都创造几何设计，并将它们系统地运用于装饰性的标志、符号和图案中。自远古时期起就一直是这样，最早可追溯至在南非布隆伯斯洞窟内赭石上雕刻出的几何图形。那些在古埃及、古希腊和拜占庭的几何设计要更规整一些，但它们也都是我们时代之前的事了。古罗马人用马赛克表现几何图案，这种方式在文艺复兴前的威尼斯达到极盛。我们可以发现这个时期的一种纯粹以几何图形展现的罗马—拜占庭式设计，其中包含了具有分形性质的重复图案。

一个正方形被分割为 16 个方格。每个方格又都被左上角到右下角的对角线分为 2 个等腰直角三角形。左下角的等腰三

罗马—拜占庭式设计图案（公元700年左右）

角形是灰色的，而右上角的等腰直角三角形又被分割为与它相似的 4 个等腰直角三角形。其中位于中央的那个是浅灰色的，而其余的 3 个等腰直角三角形又被分割成 4 个更小的等腰直角三角形。每个位于中央的等腰直角三角形都被其余的 3 个等腰直角三角形包围，因此总共有 3·3·16=9·16=144 个新三角形。如此这般，整个过程可以一直持续下去。每个新步骤产生的新三角形的数量是前一个步骤的 3 倍。第一步从右上角未被染成灰色的三角形开始：

步骤	新三角形的数量	三角形的总数
1	16	16
2	$3 \cdot 16=48$	64
3	$3^2 \cdot 16=144$	208
4	$3^3 \cdot 16=432$	640
5	$3^4 \cdot 16=1\ 296$	1 936
……	……	……
N	$16 \cdot 3^{N-1}$ (N>2)	$24 \cdot (3^{N-1}-1)$

这种设计具有被称为 Group cm 反射对称（Group cm reflection symmetry）的性质。这种性质来源于每个方格中的一系列对角线，这些对角线同时也是对称轴，它们互相平行且位置不断上升。

但世界上还有一种文化，其几何设计已经达到了非凡的高度，以至于只要提到某种几何设计，人们就很可能会说这种设计已经被前人用过了。这种文化就是伊斯兰文化。从摩洛哥到印度，从西班牙到坦桑尼亚的桑给巴尔岛，都可以看到阿拉伯式的设计和马赛克，而且这种阿拉伯式的对称性装饰被运用得非常普遍，不仅在清真寺、宫殿和伊斯兰教的宗教学校里被广泛使用，在旅馆、机场和飞机上也能看到它们的踪影。这种伊斯兰式的设计起源于阿拉伯设计，最早可追溯到公元10世纪前。

阿拉伯设计（约公元1200年左右）

这种阿拉伯设计由一种旋转60°后与原图形重合的旋转对称六边形不断重复组合而成。它们互相嵌套，铺满了整个平面。而作为设计的基本形状或者主题，这种六边形又基于由等边三角形构成的网格。

特别引人注意的是上面的图形中使用三角形而非矩形来作为网格的基本单元，这就意味着在这种类型的装饰中的典型角度是60°和120°。直角也会出现，但已经不占据主导地位。

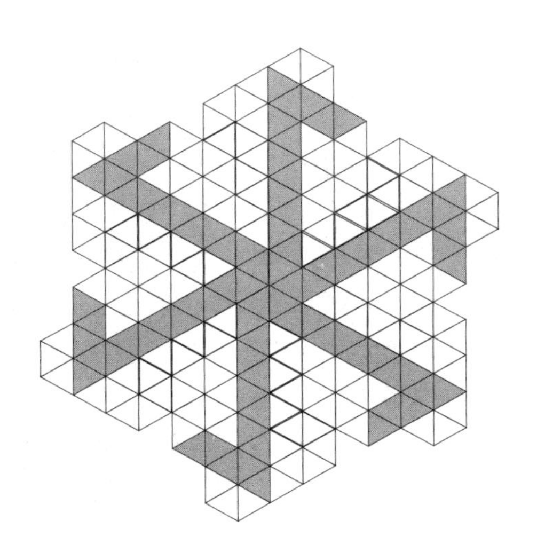

在伊斯兰教的文化背景下，通过使用互相交织且形成结的带状双线的形式，几何图案会变得更为复杂。这种设计是二维的，但会让观看者产生一种它是三维图案的错觉。网格中的等边三角形结合在一起，组成了一种内含无限数量的复合形状的几何体，其中包含了六角星和十二角星，例如位于西班牙格拉纳达的阿尔罕布拉宫中的图案就是如此。

格拉纳达的阿尔罕布拉宫中的设计，建造于纳斯瑞德王朝时期（西班牙，公元 9 世纪）

对称与不可能世界

大家都知道许多我们每天行走的街道是互相平行的直线，但看到它们在远处汇聚于地平线上的一点并不让我们感到惊讶。这是因为我们的视觉和从物体上反射回来的光线沿直线传播的特性决定了物体离我们越远，它看起来就越小。不过，对称性和技术结合起来可以创造一些基于现实但又不可能存在的世界。以下例子就足以说明这一点：先拍一张照片，再沿水平或垂直方向翻转，最后把它与原来的照片拼接在一起。下面两个拼在一起的图片显示了两条相同的街道，其中一条街道是对另外一条街道进行对称变换得到的。

对日本石川县金泽市的一条街道进行轴对称变换（图片来源：MAP）

不幸的是，无论是对于阿尔罕布拉宫马赛克图案的铺贴方式，还是如何绘出正九边形，我们都所知甚少；而后者被高斯在18世纪证明是一个不能经由尺规作图画出的图形。对于上述设计的实施过程，我们最多只能进行推测和估计。但是下面我们将看到现在仍有一种文化，其设计仍旧在每天以过去延续下来的方法付诸实践。

印度吉祥图案古拉姆斯

每天清晨，印度南部尤其是泰米尔纳德邦和喀拉拉邦的妇女会在家门口举行一项仪式：用手在地面上画出一些图形。这些图形的线条由米粉或粉笔绘就，而最终的形状要涂成白色或一些鲜艳的颜色。这些图案被称为古拉姆斯，从小而简单的表示花的图案到巨大而复杂的几何设计图形，样式繁多。

古拉姆斯是一种艺术作品，但又不仅仅是艺术作品。组成图案的线条和形状通常基于一种直线结构，这种直线结构上的点是预先画在地面上的。对于将要绘制的图案而言，这种结构起到了类似坐标方格的作用。此外，古拉姆斯由一些通常是对称的、以一种特殊的模式重复的小型图案构成，而这种重复方式同样也是由地面上的点所组成的直线形状决定的。下面的照片展示了一个古拉姆斯，它有两个互相垂直的对称轴，并且其图案以一个八边形的点的阵列为基础。

绘制古拉姆斯，印度泰米尔纳德邦金奈市（图片来源：卡米尼·丹达帕尼）

虽然没有明文规定，但根据当地习惯，古拉姆斯主要由妇女们绘制。男子并没有被禁止画古拉姆斯，并且有一些男性可能仅仅由于享受画它们的乐趣而去这样做。

在喀拉拉邦，还有一种古拉姆斯由男性负责绘制的情况，那就是在为母神婆伽婆底（Bhagavathi）举行的仪式中。这项仪式被称为婆伽婆底西维（Bhagavathi Sevai），只能由祭司主持，祭司必须是男性，而且在仪式中必须绘出一幅专门代表拜德曼（莲花）的古拉姆斯。

古拉姆斯有两种基本类型。一些古拉姆斯类似于上面那张照片中的图案，由二维形状组成，这些形状填充了由点的阵列所创设的空间。另外一种古拉姆斯由一条或多条连续曲线构成，这些曲线穿过了点阵上的所有点，交织成一个或多个形状。

绘制古拉姆斯的第一步是在地上画出点的阵列。阵列的布局取决于能施展的空间，而图案可以预先画在纸上，尤其是当图形非常复杂或非常大的时候。绕着点作画时必须胸有成竹，确有把握才行，如果犯下了必须对古拉姆斯进行修改的错误是让人不悦的。绘制出来的这些图形并没有特定的名称，作为替代，一些与其相似的形状的名字被用来称呼它们，例如星星、莲花、棕榈树、神庙战车[①]等等。这些互相交织的曲线呈8字结或盘长结的形状，并不断扩展和延伸，最终会形成像下面这样复杂的图形：

由各种图形构成的古拉姆斯，其每个部分均由一条曲线组成（图片来源：卡米尼·丹达帕尼）

---

① 神庙战车（temple chariots），又被称为temple car，是一种在节日期间展示印度教神像的车辆。——译者注

它与代表无限的符号很相似，这并不是一种巧合，因为在这个地区，具有这种性质的连续曲线象征了生命、出生、繁育和死亡的无限轮回。

如果仔细研究上图中古拉姆斯 4 边上由曲线构成的形状，我们就会发现整个图形的轮廓由一条线勾成。这 4 边上的图形基于 2×7 的点阵而画出，每个交叉点两侧的曲线近乎垂直。只用一条线就能完成整个图形，并且还绕过了每个点。在 2×3 或 2×5 的点阵中也能做到这一点：

但 2×4 的点阵不行。2×4 的点阵需要两条既水平对称又垂直对称的曲线才能画出一个古拉姆斯：

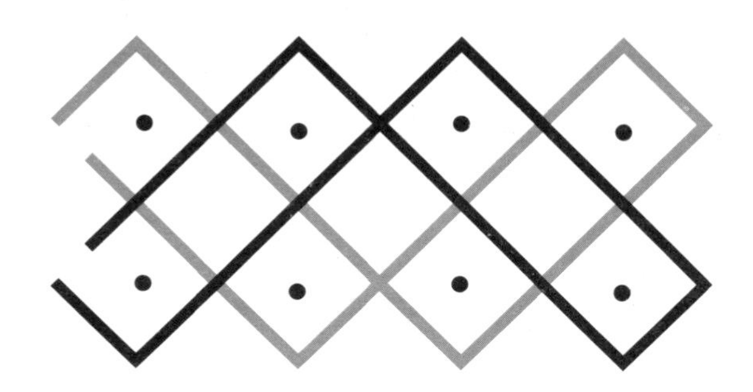

究竟能不能用一条曲线做到这一点，取决于点阵的列数是奇数还是偶数。实际上，从左往右数，曲线通过 2×3、2×5 和 2×7 点阵的列的序列分别是：{1, 2, 3}、{1, 2, 4, 5} 和 {1, 2, 4, 6, 7}。如果列数是偶数，这种模式是不可能出现的。

设点阵有两行，分别为 A 和 B，有 N 列（因为 N 为奇数，所以可以将其写为 $N=2\cdot k+1$），如果想只画一条曲线就将所有这些点都连起来，则必须遵循下列模式：

$$N=2\cdot k+1:$$

k 是偶数时：$\{A(1), B(2), A(4), B(6), \cdots\cdots, A(2\cdot k), B(N)\}$；

k 为奇数时：$\{A(1), B(2), A(4), B(6), \cdots\cdots, A(2\cdot k), A(N)\}$.

一些由一组曲线组成的古拉姆斯会以在本章开头提及的盘长结为范本，但大多数这样的古拉姆斯其实是由多条曲线组成的，就像下面这样：

由三条曲线组成的古拉姆斯（图片来源：卡米尼·丹达帕尼）

这个古拉姆斯由三条曲线组成，其中两条曲线构成的图形完全相同，而且只要将其中一条曲线旋转 90°，它就会与另一条曲线重合，如果旋转 180°，它又会与自身重合（即它是二次旋转对称图形）。不一样的是，剩下的那条曲线的形状则是四次旋转对称的。相应的点阵共包含 25 个点，由两个点阵复合而成，一个是 3×3 的点阵，一个是 4×4 的点阵，前者位于后者之中：

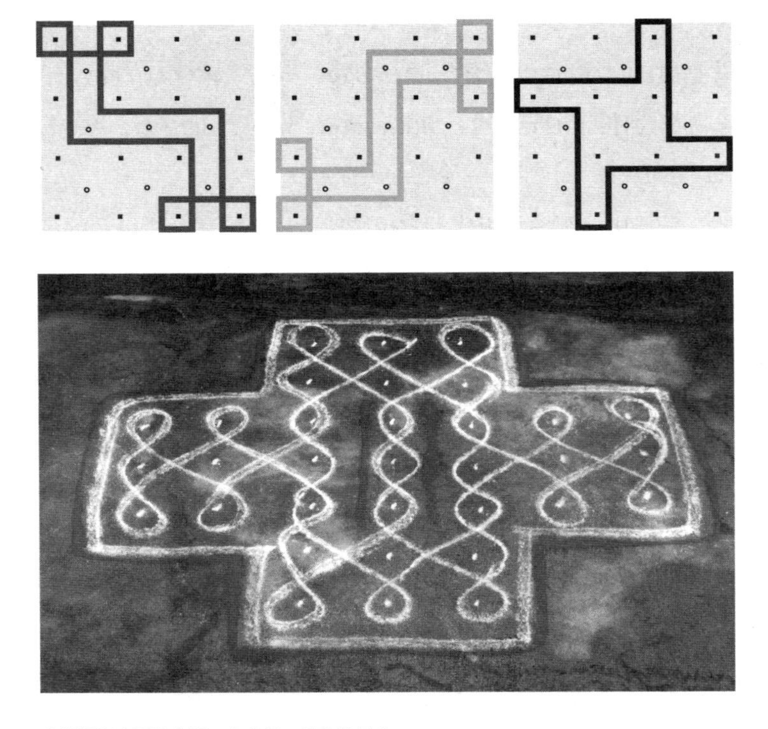

古拉姆斯（图片来源：卡米尼 · 丹达帕尼）

印度南部画古拉姆斯的传统可以追溯到许多世纪之前，其源头可能与中非地区的人绘制的类似图形有关。而且比起绘制过程中所遵循方法的严谨性，它最终形状的对称性更能展现出其中蕴含数学思想的证据。在这个例子中，妇女们每天在她们房屋前面画古拉姆斯的行为不仅沿袭了数个世纪以来的古老传统，同时也展现了相应的数学知识。绘制古拉姆斯的方法在母亲和女儿间一代代流传、发展并发扬光大到极致，使全世界的数学家为之深深入迷。

编织

老子所著的《道德经》第 11 章有言："三十辐共一毂，当其无，有车之用。埏埴以为器，当其无，有器之用。凿户牖以为室，当其无，有室之用。故有之以为利，无之以为用。"自从史前时代起，人们就尝试在我们身处其中的无限空间中隔出一小部分来。但要想分隔空间，得先解决另一个问题，即需要先制造出一个封闭空间的框架；对轮子而言，框架就是轮周；对水壶而言，框架就是它的球状表面；对窗户而言，框架就是一堵能在上面凿出洞来的墙。

纵观历史，人们曾用过无数种材料和技术制作各种平面和曲面。使用植物纤维编织平面物体和容器可能是其中最为广泛的活动。通过将各种线状物体（比如植物枝条）相互交错地编在一起的方式，人们就可以制作出席子、墙壁和屋顶。这些都是平面物体，但用同样的材料，人们也能编织容器，例如篮子、蟋蟀笼子和鸡舍，还有藤球，一种在东南亚比赛中用脚踢的球。

世界各地制作篮子的手工艺人的创造力和技巧在技术和艺术方面都被人们大加赞赏。这项活动蕴含着许多数学思想。保卢斯·格迪斯，一位来自莫桑比克的民族数学研究者，曾仔细研究了来源于手工艺品制作的图案与形状。与篮子制作有关的几何问题包括：一束纤维要绕在另一束与它相同大小的纤维上，那么绕的时候需要折叠的角度应该是多少？通过使用三角学的方法，可以得到答案是 60° 。在实践中，用下面的方式折叠带状纤维，就能得到这个角：

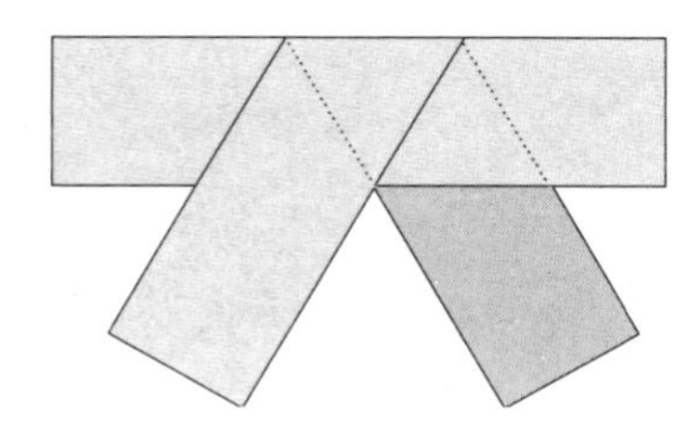

篮子制作所展现的装饰性几何创意（图片来源：MAP）

藤球

藤球是东南亚的一种藤制品，使用的藤条由棕榈藤的茎制成，同样的材料也被用于制作家具。它与柳条很相似，不过藤条是扁的而不是圆的。虽然它具有柔韧的特性，但材质极硬，即使被猛踢也不易损坏，就像在藤球比赛中遇到的情况那样。

制作藤球既不用遵从某种体系的指引，也不要设计图纸，更无须计算。如果不是亲眼看过它的制作过程，很难相信不经过数学计算就能造出这样一个完美的球体。但实际上，数学不仅被说出和被写出，也暗中存在于那些思考它的人的头脑里。

藤球与它的制造者（图片来源：MAP）

以数学的观点来看，一个球体由与球心等距的点构成。但藤球的编织并不以这种方式完成，而是由手艺人使用一种既精确又有效的方法来得到一个完美的球体（让我们暂且忽略现实世界中必然存在的不完美因素）。制作球体的关键与球心和球的半径无关，而是基于一个具有恒定曲率的多面体。编织工作的第一步是让 5 条藤相互交织形成一个尽可能规则的正五边形；接着，手艺人会选择这些藤条的一端，将其与另外一条藤条编在一块儿。最后，这条藤的末端会被绑成一个圆周以决定球的直径。

根据藤条的特点，五边形的面最开始以经线（纺织中纵向的线）所围成的缺口的形式出现。随着编织工作的继续，藤条剩下的一端会陆续塞入这些缺口周围。就其本质而言，被编织的对象有些像切掉正二十面体的顶点，即将正二十面体上以正五边形为底的棱锥截断后得到的几何体。具体来说，如果沿着棱锥高的中点将正二十面体切开，我们就会得到一个有 20 个五边形开口的半正多面体，其名称为“截角二十面体”。这正是手工艺人所编织的几何形状，一个有 60 个顶点、90 条棱、32 个面（其中 20 个是六边形的，12 个是五边形的）的截角二十面体。藤条天然具有弹性，其张力会使藤球具有恒定的曲率。6 条纤维中的任意 3 条相互交叠在一起，且都源于已经用过的纤维，最终构成了球体的 20 个六边形的面：

$$\binom{6}{3}=\frac{6!}{3!\cdot(6-3)!}=20$$

让我们来看一下：

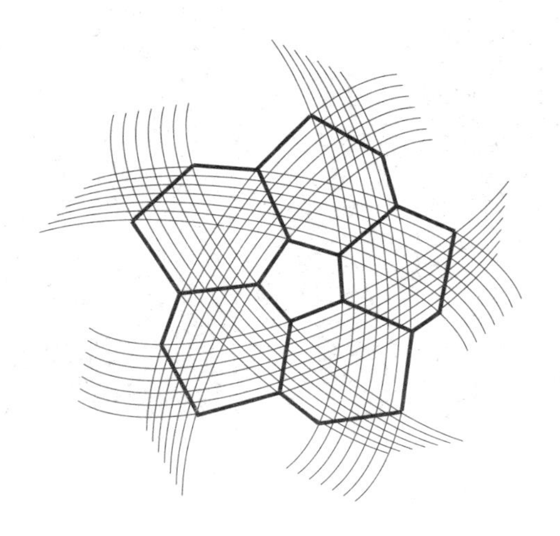

手鞠

日本的手鞠源自中国，最初由鹿皮制作，仅供宫廷内的贵族运动消遣用。之后一些宫廷贵族妇女开始用丝线来编织球，于是它们又扮演了一个作为装饰元素的新角色。当时还有以图案和颜色为评判标准的竞赛，以决出哪个手鞠最具有装饰性。

这种艺术形式可追溯到公元1000年左右，并在母女之间代代相传。随着岁月的流逝，手鞠越发流行，制造它的技术也在不断进步。不过，橡胶手鞠的发明却使关于手鞠的兴趣有所消减。但今天这种传统艺术形式重新得到了高度重视，同时也变得更加复杂，以至于出现了日本手鞠协会。

日本手鞠（图片来源：MAP）

现代手鞠的中央有个由泡沫聚苯乙烯或塑料制成的小球。里面的这个小球最好是软的，以便针能插进去。大多数的编织设计是几何的，其实施过程极为严格，从而使手鞠能够得到最终极富特色的外观。

在制作手鞠的过程中，有一样工具极为有用，它就是组十尺，形似分叉，角度大概是 72° 的字母 V。事实上，它由两把在末端相连的尺子构成。组十尺之所以能在制作手鞠的过程中发挥作用，是因为许多种手鞠的制作基于对以十二面体为基础的球面的细分，这就意味着要使用正五边形和由 5 条经线形成的结构。将 360° 的圆周 5 等分，就是尺子分开的角度，约为 72°。

要想制作手鞠，首先要解决的问题之一就是怎么把它的球面八等分。这涉及了平面和曲面（如球面）之间的根本区别。在平面上，三角形的三个角之和总为 180°。在球面上，就像手鞠的表面被分割成的那样，三角形的三个角之和可以是 270°。

制作过程如下：首先，一枚针被插在球的任意一点上。从这一点出发，让长条绕球一周，使得圆周经过这枚针。按照点所在的位置在长条上做个标记，再沿标记把长条剪断，这样就能得到一条与球体的周长相等的长条。之后将长条对折，在中点做个标记。最后以同样的方式再次对折，再做两个标记。这样我们就得到了一条在它的 1/4、1/2 和 3/4 处都有标记的长条。

现在长条由针固定而且绕球一周。在长条中点处新插一枚针。设第一枚针为北极点，第二枚针为南极点，然后将球转一下，把长条沿与两个极点确定的轴线垂直的方向绕球体一周，在长条的起点、1/4、1/2 和 3/4 标记处各插一枚针。现在共有 6 枚针插入球体，它们都是 8 个等边球面三角形的顶点。但等边球面三角形的角都是 90° 而非 60°，也就是说，位于球面上的等边三角形是直角球面三角形。由这 6 枚针确定的三个互相垂直的轴（经线）将球面分为 8 等份。

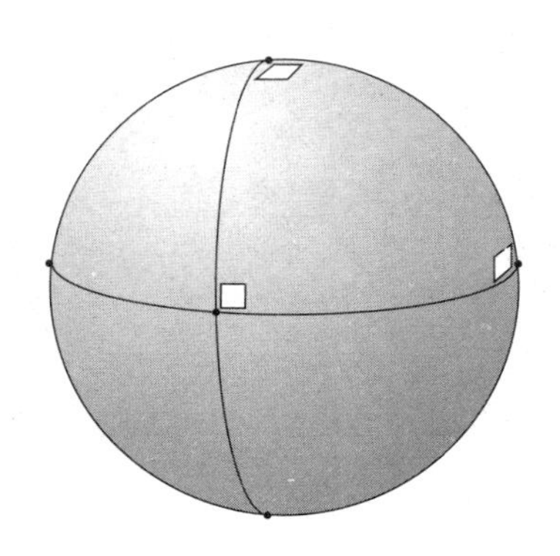

这些经线可以构成用彩线织成的一种简单设计的基础。如果再用它们标记出更多的经线和纬线，就能将球面划分为更多的纺锤形图案，就像之前关于手鞠的图片中最左边的那个手鞠一样。这种设计更强调球的赤道部分，多条经线从球的极点引出，最终形成了 24 个纺锤形图案（每种颜色 12 个），每个图案的角度是 15°。图片中的其他两个球则都具有正十二面体的五边形结构。

事实上，除了正十二面体之外，手鞠还可以以任何一种柏拉图立体为基础进行制作。

餐巾纸与折纸

在世界上最大的岛国印度尼西亚的餐馆里经常会看到一种特殊的餐巾纸折法。从西部的苏门答腊岛到东部的伊里安查亚省，侍者们都知道怎么用印度尼西亚的方式折叠餐巾纸。

一家印度尼西亚小餐馆里的桌子

甘美兰音乐

甘美兰（gamelan）乐团是印度尼西亚爪哇岛和巴厘岛特有的音乐表演形式，所用乐器包括一个或几个大吊锣、一对鼓、至少 4 对镲、一对由 8 到 14 个小锅锣组成的排锣，另外还有竖笛。但甘美兰最有特色的乐器是各种不同大小的金属排琴，它由固定在共鸣箱上的 7 到 12 片金属板构成，演奏时需要用一把特殊的木槌对金属板进行敲击。

甘美兰音乐作品的曲式结构具有不断循环的特点，通常会以段落为单位重复演奏，其拍子基于 2 的幂，即 2、4、8、16 或 32。这决定了音乐被演奏的速度。装饰性的旋律被演奏的速度是主旋律的 4 或 8 倍，这也使得它比节奏乐器的演奏速度快 2、4 或 8 倍。重复演奏更容易保持节奏，同时也赋予甘美兰音乐力度多变的特性。

打开从不同的餐馆取来的餐巾纸

这种折叠方式会将一张正方形餐巾纸的一个直角平分为三个相等的角。通过这样的方法，就可以得到这样一个对称的四边形，它有一个直角、一个 30° 角和两个 120° 角。

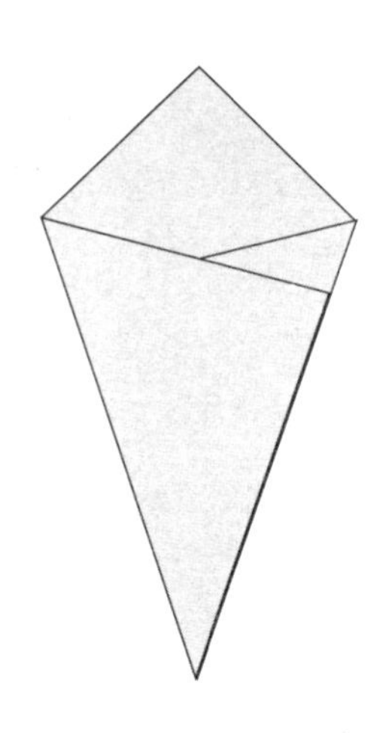

以印度尼西亚方式折叠的餐巾纸

在很长的一段时间内，我都认为要想叠好这样的折纸，需要参考的参照点肯定和我设想的一样，即将餐巾纸的一个角向与它相邻的边的中点的方向折：

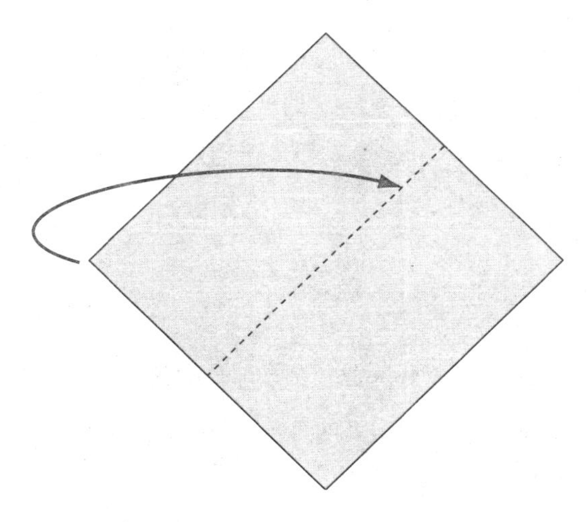

保持最下方的角不动的情况下使餐巾纸的一个顶点与对面边的中线重合

这样就能得到一个直角三角形，它的一条直角边为斜边的一半长，因此相应的角肯定是30°。当我有机会实地观察侍者们是如何做的时候，我的观点似乎被证实了，因为他们确实将餐巾纸的一个角朝对面边中点的方向折。

但其实我错了。在询问了那些折叠餐巾纸的侍者后，我被告知他们确实是用几何的方式去确定参照点，但不是像我通过观察所猜测的那样，而是试图去折叠餐巾纸使得边能够标出对直角进行划分所得到的第三个角。他们并不认为自己是在将角折向对面边的中点，而是认为在把边折向未折叠部分的一半处。换句话说，他们是在尝试着寻找未折叠部分的平分线。这种解决方案显然与我的方法不同，而且只能询问那些实际折叠餐巾纸的人才能发现。

这个过程所隐含的数学思想其实就是 3=1+2。设 R 为对直角进行一次折叠后剩余部分（即折叠后扔保持一层的部分）的角，A 为折叠部分（即折叠后呈二层的部分）的角，则有：

$$90^\circ = R + 2 \cdot A$$

由于我们希望折叠部分和剩余部分的角相同，那么这样折叠的结果其实就是将餐巾纸的直角三等分：

$$\left.\begin{aligned} 90^\circ &= R + 2 \cdot A \\ A &= R \end{aligned}\right\} \Rightarrow 90^\circ = 3 \cdot A\,(A = 30^\circ)$$

对某种现象背后的数学进行推断其实就包含了把某种实际上不需要数学进行描述的现象数学化，或者虽然将现象数学化但所用的数学与实际不符的情况。无论是什么都不能阻挡我们去探索现象背后的数学规律，但基于我们自己的想法去这样做是要冒风险的。我们会将某些人贴上没有数学能力的标签，但事实并非如此。相反，他们有可能比你更有能力。

第五章

日常生活中的民族数学

常见的逻辑

达雅人（马来西亚婆罗洲）

阿尔弗雷德·拉塞尔·华莱士是一位英国博物学家，曾于19世纪下半叶周游马来群岛。作为一个与达尔文同时代的人，他曾研究过巽他群岛的植物和动物群落，并独立提出了一种与达尔文进化论极为相似的理论。他所撰写的《马来群岛》（*The Malay Archipelago*）既是研究报告，也是记述当地部落和民族的生活与习俗的人类学文献。他记述了与当地居民往来的情况，从中我们可以看出这些人的某些思考方式。

华莱士描述了他与居住于婆罗洲内陆地区的达雅部落成员的交往。在那个年代的东南亚，部落之间互相猎头还是一件常见的事，但这并不妨碍部落中的人友善地对待华莱士。即使在今天的东南亚，尤其是在马来西亚、泰国和印度尼西亚，当地人对自己不知道的事做出肯定的回答仍是一种常见现象。华莱士察觉到从达雅人那里获得准确的信息或者个人观点是件很困难的事。根据达雅人的说法，如果他们的回答是“不知道”，他们可能不是真的知道。这个问题的关键在于回答的人是否知道自己知道或者不知道某些事情：

<table>
<tr><th></th><th>答案</th><th>想法</th><th>我说的话</th></tr>
<tr><td rowspan="4">问题</td><td rowspan="2">我知道</td><td>我知道我知道</td><td>真话</td></tr>
<tr><td>我不知道我知道</td><td>假话</td></tr>
<tr><td rowspan="2">我不知道</td><td>我知道我不知道</td><td>真话</td></tr>
<tr><td>我不知道我不知道</td><td>假话</td></tr>
</table>

如何精确地统计人数（印度尼西亚）

华莱士用了整整一章篇幅来介绍统治龙目岛（位于巽他群岛）的酋长如何进行人口普查。从数学的角度来看，人口普查其实就是在一个区域或地区内的居民和自然数之间建立一一对应的关系。也就是说，以人为对象计数。在实践中，做到这一点并不容易。酋长想知道在他的统治之下究竟有多少臣民。此外，他不想通过统计方法得到这一数字，而想一个个地把人给数出来。人数的精确性很重要，因为税收是基于人头来征缴的，没有人能得到豁免，因此酋长需要知道准确的人数，以便征税。

酋长的解决方案既需要人们自己去计数，又需要确保这种统计真正做到详尽而又没有遗漏。为了达到这一目的，他利用了文化的影响，而且这也成为最终解决方案的基本特征。通过强迫的方式让每个家庭的成员提供答案是不可行的。人口普查必须做到没有人觉察到它是一项普查，更没有人会想到为什么它要开展。唯有通过这种方式才有可能确保信息的可靠性。

酋长会把所有的部落首领、祭司和贵族召集在一起，告诉他们昨晚自己梦到了火山大神。于是首领、祭司和贵族命令手下人开辟了一条通往山顶的道路，以便酋长爬上去听听大神想要跟他说什么。之后酋长会登上山顶，当地的其他显要人物都在山下列队等着归来他。三天后，酋长会再次把部落首领和祭司们召集起来，告诉他们大神所说的话。

根据大神的说法，恐怖的瘟疫和疾病即将威胁到岛上所有人，只有遵从神的指示才能幸免。大神命令岛民需要制造 12 把神圣的克力士剑（一种剑身呈蛇形的短剑，在东南亚很常见）。同时所有地区的每个社区都要上交成束的银针，一根银针代表这块地域内的一个人。当瘟疫或疾病袭击某个社区的时候，12 把克力士剑中的一把就会被送到那里，如果社区内的每栋房屋都上交了正确数量的银针，瘟疫或疾病就会立即消失。但是，如果人数和针数对不上，神圣的克力士剑就不会起作用。也就是说，当不幸的事件发生在某个社区时，一把克力士剑就会遵循大神的命令被送到以消除灾祸。如果威胁过去了，它就应归功于神圣的短剑。如果灾难仍在发生，那是因为银针的数目不对。

毫无疑问，如果最终的计数做到了详尽的话，那么酋长计谋的实质就是用间接威胁的手段去操纵无知而迷信的民众，并最终将发生灾祸的罪责归于无辜的人。如果事态好转，这是神的功劳；如果形势恶化，那是因为人的过失，也就是犯了瞒报人口的错误。

基奥瓦人（美国）

由于西部片的缘故，美洲本土的印第安人在世界范围内变得很有名气。在白人的文化中，人们认为自己是生活在其上的土地的主人，人居于自然之上，并可以凭本身的意愿改造自然。世界与自然在某种意义上是为人服务的，而且必须对人的愿望做出回应。印第安文化则从一种完全不同的角度看待事物。印第安人认为人类从属于世界和土地，人与自然的关系必须建立在以平衡为原则的基础上。无论是动物、自然风光、河流还是湖泊，万物皆有灵，都需要被尊崇。自然元素是神圣的，需要得到最大的尊重。

这是否意味着白人定居者和印第安原住民的逻辑是不同的呢？也许在某些方面确实如此。但哲学方面的不同并不一定意味着逻辑的差异。下面一段文字改编自基奥瓦人对一位特殊人物的描述，我们不妨将他叫作 S，他是一个骗子：

S 遇到了一位陌生人 X，X 对 S 说：

——我不认识你，但我听人们谈起过你。你是个能骗过所有人的大骗子。

——是的，我是骗子，但我把施骗术用的药忘在家里了，没能力骗你。

——什么意思？既然你能骗过所有人，没药应该也能骗呀？

——不是这样的，没药我骗不了人；如果我有药，我就能骗你。如果你愿意的话，把你的马借我用用，让我回家把药取回来骗你。

——好吧，我会借给你的，但你一定得带药回来。

S 骑上了 X 的马，但刚起步就突然停下了，他回头又一次对 X 说：

——这马不愿意往前走，可能它有点怕我，把你的帽子借我戴戴。

X 把帽子借给了 S，但马又停了。接着 S 对 X 说：

——我怕你的马。把你的外套给我。

用同样的手段，S 又向 X 要来了斗篷，接着是鞭子。当 S 最终骑马离开的时候，他扭头对 X 说：

——现在你的东西都归我了，我不用药就骗了你。

这个故事可以当逻辑课来讲，有些表达式可以从形式的角度进行分析。我们先从骗子的定义说起。如果说谎者是从不说真话的人的话，那么骗子就是有时说真话有时说假话的人。当

S 承认自己是骗子时，他说了真话；但当他声称自己需要忘在家里的药才能行骗时，他是在撒谎。

这是否与 S 接下来说的没有药他就没法骗人的说法矛盾呢？其实这是一个逻辑蕴含关系：

p：没有药 $\Rightarrow$ q：我无法骗人

把上述逻辑蕴含关系的真值表列出来，可以看到除非前件为真（1）且后件为假（0）时此关系式为假，在其他三种情形下，关系式均为真。

p	q	$p \Rightarrow q$
1	1	1
1	0	0
0	1	1
0	0	1

与 S 对话的 X 似乎意识到了这一点，当他回答到如果前者是个骗了所有人的家伙，S 就不需要任何药物去行骗，这就意味着 S 所说的是假的。此处点出了这个故事以及它的逻辑的关键。不过，S 坚称没药他没法骗人，X 的天真导致了接下来发生的事。

亲属关系

对称性不仅出现在人们的视野中（换句话说，被人们的视觉所感知），也暗中存在于社会成员的关系中，尤其是亲属关系中，无论这种关系是血缘的还是经由法律确认的。如果没有关系上的对称，成员之间的平等就不能被理解。父母和子女之间关系的不对称决定了他们之间地位的不平等。如果 A 是 B 的父亲或母亲，则反过来 B 肯定不是 A 的父亲或母亲。但兄弟姐妹之间并不如此。如果 X 是 Y 的兄弟或姐妹，则 Y 也是 X 的兄弟或姐妹。兄弟姐妹是同辈人，需要得到父母和社会给予同等待遇（至少大体上是这样），不论这种待遇是在情感方面（尊重、支持、住所和食物），还是在社会或政治方面（教育、法律权利和义务）。

社会关系研究在西方正规数学中之所以会出现，是因为它可以被用来定义阶级。一个阶级的主要特点可以被决定人际关系的共同特征精确描绘。举例来说，让我们考虑一下由“年龄大于”这种表达方式所定义的关系。对于对象 A 和 B 之间的关系，如果“A 比 B 老”，则记为 $A \sim B$。这种关系会有哪些性质呢？首先，对象 A 与它自己有关系吗？也就是说：

$$A \sim A\ ?$$

显然并不如此，因为任何事物不可能比自己的年龄还大。

这种关系在数学上并不是自反的。如果 A 与另一个 B 有关系，则 B 与 A 有关系吗？换句话说：

$$A \sim B \Rightarrow B \sim A?$$

这也不成立。因为如果 A 比 B 年龄大，那么 B 就不可能比 A 年龄大。因此这种关系在数学上也不是对称的。那么如果对象 A 与 B 有关系，B 又与 C 有关系，那么我们应该怎样描述第一个对象和第三个对象之间的联系？它们之间有关系吗？即：

$$A \sim B \text{ 且 } B \sim C \Rightarrow A \sim C?$$

在这种情况下，答案是“有关系”。因为如果 A 比 B 年龄大，而 B 又比 C 年龄大，那么 A 就比 C 年龄大。这就意味着这种关系在数学上是传递的。由此我们得出结论：关系“年龄大于”既不是自反的也不是对称的，而是传递的。

既是自反的又是对称的还是传递的关系的一个例子是“年龄等于”。它显然是自反的，因为事物的年龄显然与自身的年龄相同。它也是对称的，因为如果 A 与 B 年龄相同，B 与 A 的年龄也必然相同。另外，它还是传递的：如果 A 的年龄与 B 相同，B 的年龄又和 C 一样，则 A 的年龄肯定等于 C。

定义在某集合上并同时具有这三种性质（自反的、对称的和传递的）的关系被称为等价关系。在这个集合中，与某个元素有等价关系的所有元素的集合叫作这个元素的等价类。

在开头就讨论等价类看起来似乎有些奇怪，但实际上世界各地的人每天都在这样做——只是没有用数学语言而是用日常语言罢了。当我们使用单词“苹果”的时候，我们指的是一种水果，但我们其实是把它当作水果这个类中的一个等价类。当提到香蕉苹果的时候，我们所指的其实也是在苹果这个类中的一个等价类。“是苹果”和“是香蕉苹果”分别是水果集合和苹果集合下的等价关系。

亲属关系是等价关系吗？让我们来看看下面的表格，上面列出了血亲关系和姻亲关系（被标成灰色）的性质。它并没有区分性别，即兄弟和姐妹被认为是同一种关系。

亲属关系	是否自反	是否对称	是否传递
父母	否	否	否
子女	否	否	否
兄弟姐妹	否	是	是
祖父母	否	否	否
孙子女	否	否	否
姑姑、叔伯	否	否	否
侄子、外甥、侄女、外甥女	否	否	否
表亲、堂亲	否	是	否

亲属关系	是否自反	是否对称	是否传递
配偶	否	是	否
公婆、岳父母	否	否	否
媳妇、女婿	否	否	否
姑嫂、姐夫、妹夫	否	是	否

从上表可以看出，没有一种关系同时具有三种性质，因此上面所有的关系都不是等价关系。我们所能找到的最接近的关系是兄弟姐妹关系，它是对称和传递的，但不是自反的。

在我们的文化中，表现亲属关系的基本几何模型是家族树。它能够代表由血缘和婚姻形成的代际关系。在下面这棵家庭树上，婚姻是由横向连接来表示的。

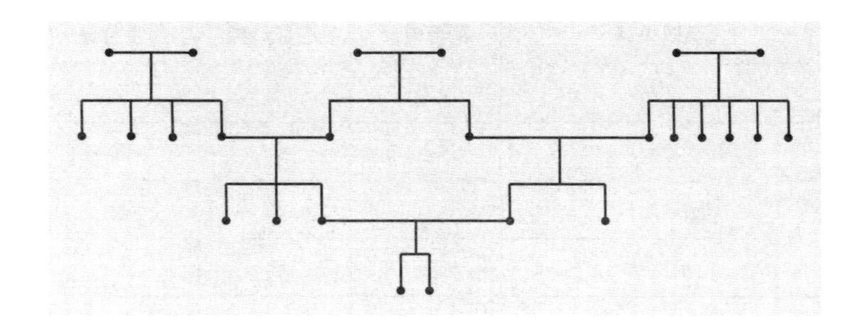

在血缘关系系统中，祖父、父亲、子女和孙子女之间的代际关系由纵线表示。平辈（例如兄弟姐妹、堂亲或表亲）之间的血缘关系由上图中的水平线表示。姻亲关系就是与配偶或配偶的兄弟姐妹之间的关系。

血缘关系和姻亲关系结合在一起共同形成了一些横向关系，确切来说是家族树上的斜向关系。它们是伯母、舅母、姨妈、姑妈、伯父、舅父、姨父、姑父、外甥女、侄女、外甥、侄子、公婆、岳父岳母、媳妇、女婿和岳父母的父母。

撇开性别不说，我们的亲属系统“父子”由父母子女这样的互补词语定义了纵向的不对称关系。当然，血缘关系中的兄弟姐妹、堂亲、表亲，或者姻亲关系中的配偶、配偶的兄弟姐妹则是对称的。也就是说，如果 A 是 B 的上述关系，则 B 也是 A 的上述关系，但不对称关系则不然：

祖父母——孙子女

父母——子女

配偶的父母——儿女的配偶

伯母、舅母、姨妈、姑妈、伯父、舅父、姨父、姑父——外甥女、侄女、外甥、侄子

在西方，可以用画出家族树的形式建立几何模型来理解亲属关系。不过就像下表所列的那样，代数方法也可以达到同样的目的。我们可以构建一个基于直系血亲关系（不包括兄弟姐妹、伯母、舅母、姨妈、姑妈、伯父、舅父、姨父、姑父、表亲、堂亲、外甥女、侄女、外甥、侄子）的简单代数模型，用一张表来描述五代人（祖父母、父母、我们自己、子女、孙子女）之间的关系。表中的数字代表有直系血亲关系的不同辈分

的差。0代表自己这一辈，即阅读和解释表的人的这一辈；负数代表前几辈（–1：父母；–2：祖父母）。正数代表之后的辈分（1：子女；2：孙子女）。

因此，假设读者对应于辈分0。在这种情况下，运算（–1）*（1）的意思是“我子女的父母”，其实就是我，也就是0。整个表格画完后是这样的：

*	–2	–1	0	1	2
–2	–4	–3	–2	–1	0
–1	–3	–2	–1	0	1
0	–2	–1	0	1	2
1	–1	0	1	2	3
2	0	1	2	3	4

大家应该注意到，在表格中定义的运算 * 对应的其实就是加法运算。关系与自身相结合可以用符号（◦）来表示，其结果可能是它们自身，也可能是其他值。例如父母（–1）的父母（–1）是祖父母或外祖父母（–2）：

父母◦父母 = 祖父母 / 外祖父母

子女◦子女 = 孙子女 / 外孙子女

兄弟姐妹◦兄弟姐妹 = 兄弟姐妹

沃匹利人的亲属制度（澳大利亚）

沃匹利人是居住于澳大利亚北部的原住民，他们有一套极为复杂的亲属制度。这套制度把他们在社会层面和政治上联系和组织起来，并为每个人确立了行为准则，它也决定了他们仪式的组织和举行方式。像世界其他地方的人们一样，对沃匹利人而言，现存的一切事物是相互联系的，并且都是他们神话里的祖先建立的生活方式的一部分。这些祖先可以对世界发号施令，创造群山、河流、动物和植物，还给它们命名。他们的祖先还决定了什么是神圣的，创设了仪式和必须举办的典礼。

沃匹利人的亲属制度以 8 个婚姻组为基础，并受一系列规则的制约。每个人都属于其中的一个婚姻组。一对夫妇的孩子所在的婚姻组将与其父母不同，具体在哪个婚姻组取决于他或她的母亲。各个不同的婚姻组用数字代表，来自婚姻组 4 的妇女的女儿将会被分到婚姻组 2；女儿的女儿会在婚姻组 3，再下一辈的女儿会身处婚姻组 1。婚姻组 5、6、7、8 之间的关系也与此类似。因此，这样就形成了两个彼此之间无交集的代表母系成员的数字的循环，每个母系循环有 4 个数字：{1，4，2，3} 和 {5，7，6，8}。

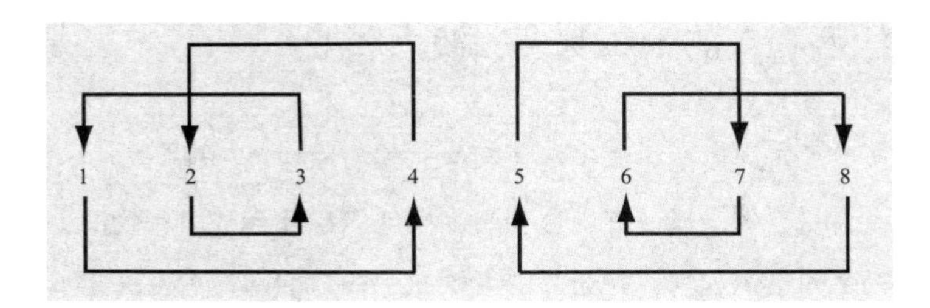

澳大利亚沃匹利人的亲属制度中代表母系成员的数字的循环

另一条规则是，同一个婚姻组内的成员之间不得通婚。在下图中，亲属制度被以几何模型的形式表现出来，其中的虚线代表联姻。

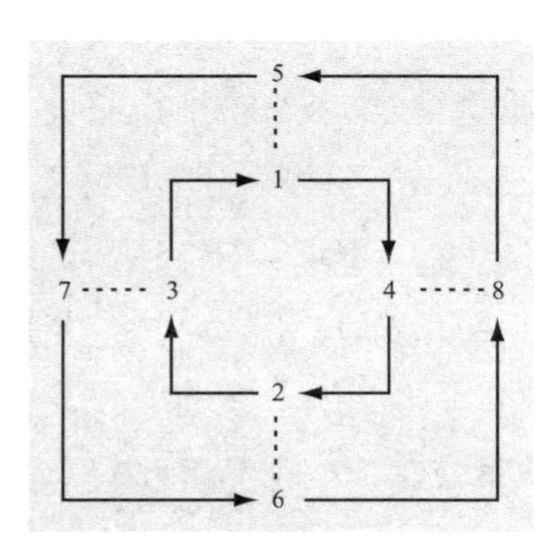

沃匹利亲属制度中的婚姻

由于男性婚姻组源于女性婚姻组，如果一个来自婚姻组 1 的男性娶了一个来自婚姻组 5 的女性，则他们的孩子就会被归入婚姻组 7。如果这个孩子娶了来自婚姻组 3 的女性，则他们的后代会被分到婚姻组 1。这样，我们就又回到了与本段开头相同的组。整个亲属制度中共有由代表成员所在婚姻组的数字所组成的4组父系循环，每组循环内有两个数字：{1，7}、{2，8}、{3，6}和{4，5}。

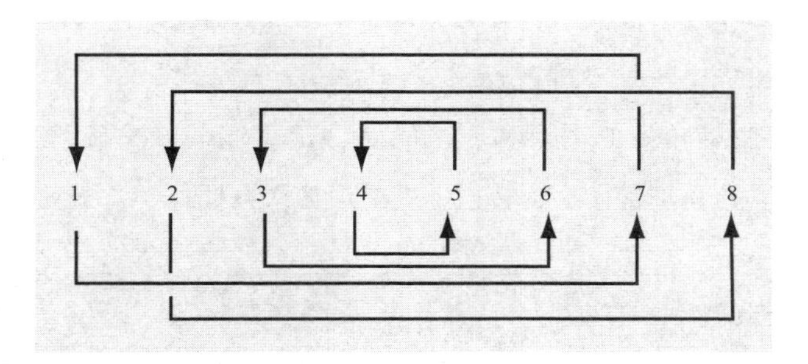

沃匹利亲属制度中的父系循环

到这里，我们就有了两组各有4个数字的母系循环和4组各有两个数字的父系循环，覆盖了亲属制度中所有8个婚姻组。这个制度的复杂性还不止于此。这8个婚姻组还被以不同的方式分类组合成了若干个集合，在这些集合中，亲属关系决定了相应的社会事务。例如，有世袭权力的群体就与那些由法定婚姻形成或者与某种工作相联系的群体不同。

如果以形式化的西方数学语言来形容这个制度的话，有人会说它不过是群论中8阶等距群的一个实际应用罢了。我们会通过观察正方形如何经由全等变换构成一个8阶等距群的方式来解释这个概念。

全等变换是一种不改变对象的形状和大小的变换。在平面上有三种全等变换：平移变换、旋转变换和对称变换。平移变换只是简单地将图形沿着某个方向移动一段距离。旋转变换是把图形绕着某个中心点旋转。对称变换是使变换后的图形与原图形关于某条直线轴对称。无论是经由哪种变换，原图形的大小都保持不变。那么一个正方形可以通过哪种变换使自己与变换后的图形一模一样呢？

使旋转后的图形和原来的正方形重合的最小旋转角是 90°。这是一种 4 次旋转，也就是说如果以同样的方式旋转 4

时空测量中的几何学

我们一直都能意识到时间在流逝，因此去问时间是否存在可能会让人听起来有些奇怪。在我们这个时代，人们用秒、分钟、小时、天、月、年和这些单位的倍数或分数来测量时间。但在不久的过去，距离曾以跨越它的时间来度量。某些水手曾动手制造了用来测量比一天、一个早晨或一个下午更短的时间单位的装置。其中的一个装置由切开的椰子壳制成，椰子壳底部钻有一个小孔。把这个装置放在水箱的水面上任其漂浮，水就会逐渐经由小孔进入椰壳，直到充满整个椰壳使其沉没。整个过程持续的时间大概是一个小时。

还有一种装置至今仍在使用，它就是沙漏。在理想状态下，沙粒会一颗一颗地经由两个玻璃锥间的狭窄通道下落。这会让我们把时间当作可以用一粒粒沙子来计数的离散量。但我们所感知的时间却是连续的，更接近于半径绕着圆心旋转的过程。时间的测量与圆周和对它的 60 等分密切相关。这套体系源自美索不达米亚文化，也被用于空间定位。

次，图形就会回到原来的位置。我们不妨用大写的字母 I 代表相同（identity），用 $G4_1$、$G4_2$、$G4_3$ 和 $G4_4=I$ 分别代表这 4 次旋转。另一方面，当沿着（a）水平方向、（b）垂直方向、（c）向上延伸的对角线方向和（d）向下延伸的对角线方向，对正方形进行对称变换或者说镜面对称变换时，正方形仍保持不变。现在，我们会注意到上面的每个对称变换都是两次的，因为将上述对称变换进行两次，图形上的每个点都会回到起始位置。如果我们用字母 S 去表示这些镜面对称变换，就可以分别得到：S_H、S_V、S_{D1} 和 S_{D2}。由于这些对称变换都是两次的，这就意味着如果每个对称变换与自身进行复合变换，结果都会与最开始的状态相同，即 I：

$$S_H \circ S_H = I,\ S_V \circ S_V = I,\ S_{D1} \circ S_{D1} = I,\ S_{D2} \circ S_{D2} = I$$

它们不仅不是无限的，而且仍属于 8 阶体系。现在让我们思考一下沃匹利人的亲属制度和上面提到的等距群之间的对应关系。2 组 4 阶母系循环对应着 2 个 4 次旋转变换，而 4 组 2 阶父系循环则对应于 4 个 2 次镜面对称变换。

沃匹利人可能完全不知道他们的亲属制度和西方数学中的 8 阶等距群之间的对应关系。但是他们确实创建了这样一种制度，以至于他们的生活和社会关系都基于它而建立。以这样的方式，他们构想和组织了自身的社会、政治、宗教和亲属关系。实事求是地说，他们的制度并不是将西方数学付诸实践的结果。早在西方人将类似的关系进行分类之前，他们就有了这样一套全等变换体系。他们的体系不仅和自己的文化紧密相连，而且清楚地显示出了它的特征。

公平下注

赌博在所有文化中都很常见，并且形成了一种社会现象。人们会对一种事物可能出现的多种结果之一下注，而这些结果的发生至少部分取决于概率，或者说不确定性，这就意味着想预测真正要发生的事情是不可能的。例如赌马、赌博和各种博彩游戏都是如此。通过参加这种博弈的形式，参与者其实就是在表明自己知道它的限制和规则，并且能接受它随机的本质。事实上，如果没有与概率相对应的赚头，这些游戏根本就不会存在。如果一个人押中了那些看似不可能发生的结果，无论这种不可能是概率上的还是数学上的，或者是社会意义上的（没有人或者几乎没有人选择这种可能性），他都会赢取大额收益。

各个地方的人们对概率的理解都是一样的吗？这个问题很难回答。在某些文化里，概率可能被认为是掌握在神的手中，并因此形成了一些用于表达它的方式。信徒们会求助于神谕、扔石头或骨头，甚至会根据动物内脏的外观来进行解读。在另外一些文化中，这个问题可以通过量化结果的可能性的方式得到解决，这些结果又取决于事件中人们关心对象的特征或形状，例如彩票或者掷色子就是如此。无论如何，博彩游戏可以说超越了一种文化中占主导地位的哲学信条，无论这种信条是决定论的还是自由意志论的，因为这些类型的游戏或约定几乎在所有的文化中都会出现。

下面的图片展示了一对来自印度尼西亚龙目岛的色子。它们并没有 6 个面。实际上，它们是 4 个侧面上都被雕刻图形以当作色子的陀螺。一旦转起来，它们最终就会停在 4 个面中的一个面上。但这 4 个面并非完全不同。在其中两个相对的侧面上嵌有一枚硬币，另外两个侧面上则嵌有贝壳的珍珠层。当这样的色子被扔出后，会有两个结果；我们不妨用 N（贝壳的珍珠层）和 C（硬币）来分别指代它们。

在其中的一个色子上，嵌有硬币的两个面（C 面）上多了一个小铜疙瘩，使得其表面上有凸起。掷这样的色子结果会是等概率的吗？通过分析它的几何形状，我们可以大胆地推断事

来自印度尼西亚龙目岛的色子（图片来源：MAP）

实并非如此。因为可能有些面会比其他面重，而且整个物体的形状在某些方向上好像被拉伸了一样，不是立方体。不过，重复地抛色子并观察结果可以得出更确定的答案。抛了 20 次色子，嵌有硬币的面（*C* 面）朝上的情况只出现了两次。

那些押 *C* 面朝上的人抛不了多少次色子就会改变主意。在抛了若干次后，他们会意识到这并不符合游戏的基本要求：结果的概率要保持均衡。去玩或者押这样性质的色子毫无意义，因为我们已经对结果有了 80% 的把握。

达督（印度尼西亚与马来西亚）

达督（Daddu）是一种印度尼西亚与马来西亚人用来进行博彩的色子，在当地又被叫作赛利博（selebor）。玩的时候需要使用两个相同的色子，每个色子的 6 个面如下图所示：

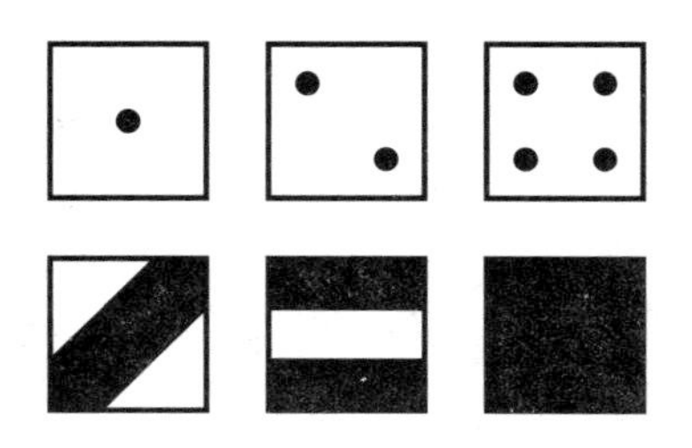

这种博彩游戏的玩家有 4 人，暂且分别由 *A*、*B*、*C* 和 *D* 指代。色子以顺时针方向在玩家间传递。掷出的结果可以分为三类：赢（以 *G* 指代）、输（以 *P* 指代）和继续玩（以 *X* 指代）。

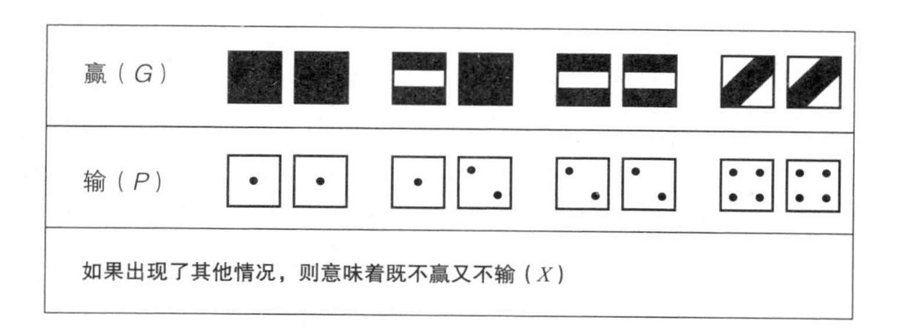

游戏以玩家 A 掷色子开始。如果 A 获胜（G），就可以再掷一次色子。如果 A 没赢，也就是说输了（P）或者既不赢又不输（X），色子就会被交给 B 去掷；如果 B 赢了（G），A 就输了；如果 B 输了（P），A 就赢了；如果 B 既不赢又不输（X），色子就会被交给 A，游戏继续进行，直到 A 和 B 分出输赢。接下来赢家会与 C 一决胜负。再后一轮的赢家将与 D 对决。如此继续，游戏本身并没有终点，其结局取决于玩家。因此，输家不会被排除在外，可以重新加入战团。玩的时候有赌注，而且一般每份赌注的金额都相等。

这样的话，第一个玩家赢（G）、输（P）或者不得不将色子传递下去（X）的概率分别是：

$$P(G)=\frac{5}{36}\approx 14\%$$

$$P(P)=\frac{5}{36}\approx 14\%$$

$$P(X)=\frac{26}{36}\approx 72\%$$

如此，我们就能画出下面的概率树：

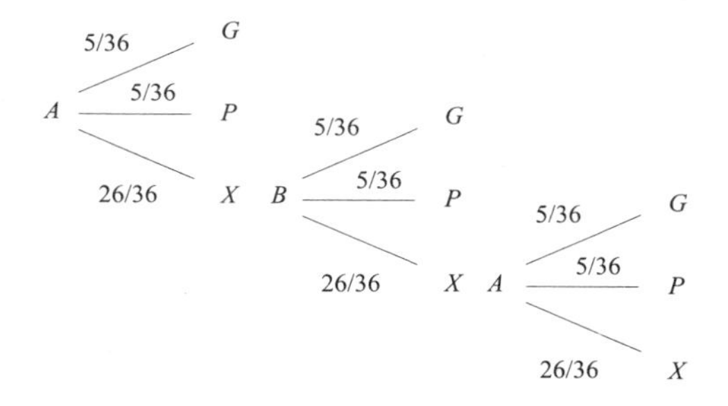

随着游戏的继续，*A* 的概率会逐渐稳定在 50% 左右。这就意味着上述三个概率之间的关系至关重要：

$$P(G)=\frac{5}{36}=P(P)\Rightarrow p=q$$

$$P(X)=\frac{26}{36}\Rightarrow r=1-2p$$

游戏玩的次数越多，*A* 赢的概率就越趋近于 50%：

$$P(A=G)=\left(\frac{5}{36}+\frac{26}{36}\cdot\left(\frac{5}{36}+\frac{26}{36}\cdot\frac{5}{36}+(\ldots)\right)\right)$$

$$=\frac{5}{36}+\frac{5}{36}\cdot\frac{26}{36}+\frac{5}{36}\cdot\left(\frac{26}{36}\right)^2+\frac{5}{36}\cdot\left(\frac{26}{36}\right)^3+\ldots$$

$$=\frac{5}{36}\cdot\left[1+\frac{26}{36}+\left(\frac{26}{36}\right)^2+\left(\frac{26}{36}\right)^3+\ldots\right]=\frac{5}{36}\cdot\sum_{k=0}^{n}\left(\frac{26}{36}\right)^k\xrightarrow[n\to\infty]{}\frac{1}{2}$$

公平球（巴厘岛）

公平球（Bola Adil）是一种结果带有随机性质的博彩游戏。这种游戏是在一块有 7 行 7 列共 49 个凹形单元格的正方形木板上进行的。一个球会被扔到木板上，再被木板四周的边界弹回来，直到停在其中的一个格子里，这个格子就是赢取赌注的依据，被称为获胜单元格。正方形中央的格子上标有数字 20。剩下的 48 个格子里都画了某种几何图形（圆形、三角形或十字形），这些几何图形的颜色（黑色、黄色、绿色或红色）会以一种基于对角线的模式而变化，如下图所示：

公平球游戏中用于投掷球的木板（图片来源：MAP）

对于每种形状的几何图形而言，4 种颜色中的任何一种颜色都会被重复 4 次。也就是说，在 48 个单元格中，有 16 个圆形（4 个黑色的、4 个红色的、4 个黄色的和 4 个绿色的）、16 个三角形和 16 个十字形。赌注被置于另外一块 3 行 4 列共 12 个单元格的木板上，这些单元格的编号依次为 1 到 12，如下图所示：

公平球游戏中用来放置赌注的木板（图片来源：作者拍摄）

押中获胜单元格的钱会被乘以 10 给玩家。赌注可以被放在一个或多个单元格上。玩家赢得的钱将是自己放到该单元格内赌注的 10 倍，而此单元格正是与球所停位置相对应的格子。举例来说，假设一个玩家的赌注共有 30 000 印度尼西亚卢比，被平分成两部分放在编号为 4（黑色三角形）和编号为 8（黑色圆形）的单元格内。如果球最终停在画有黑色圆形图案的格子里，玩家就会获得 150 000 印度尼西亚卢比，相当于放在对应单元格中的赌注金额（15 000 印度尼西亚卢比）的 10 倍。每个单元格的概率是：

$$P=\frac{1}{49}=2.04\%$$

如果球最终停在正方形中央那个单元格里（标有数字 20）的话，所有的赌注都将划归庄家。这样的情况不会发生在下注的玩家身上，因为他们下注的编号只能是 1 到 12。以他们的视角来看，考虑到下注的选择有 12 种，赢的概率看上去应该是：

$$P=\frac{1}{12}=8.33\%$$

但实际上真实概率会更低些，因为用于下注的木板并没有提供庄家赢的选项：

$$P=\frac{4}{49}=8.16\%$$

仔细观察用于下注的木板，我们不禁会问：对于下注于横向的两个数字和下注于纵向的两个数字而言，哪种下注方式更有利可图呢？例如，下注于编码 1 和 2 的组合与下注于编码 1 和 5 的组合哪个更好？当押中的是一个三角形，不管它是红色的还是绿色的，编码 1 和 2 的组合都会赢；而如果押中的是三角形或圆形，则只有它们是红色的时候，编码 1 和 5 的组合才会获胜。另一方面，因为红色的三角形和绿色的三角形一样多（都是 4 个），而黑色的圆形和黑色的三角形的数量也相同（也都是 4 个），所以它们的概率也相等：

$$P\,(1.2) = P\,(1.5) = \frac{8}{49} = 16.3\%$$

最常见的下注方式是同时在放赌注的木板上押 1 到 12 的两个数字，这个事实显然表明玩家们已经意识到只下注于一个数字过于冒险。

另外还有两个彼此相关的问题，都与游戏中用于投掷球的木板有关。第一个问题是它的形状：为何它是正方形的？另一个问题则关乎单元格的数量：为什么它是 7 行 7 列的？为什么不用一个矩形、三角形、六边形或者圆形的木板？在一个有 25、36 或者 100 个单元格的木板上玩这个游戏可行吗？

木板的形状会影响球的运动轨迹，而这个运动轨迹同时又取决于球被扔的方向和它被边界弹回的方式。形状是几何研究的对象。理论上，某些投掷球的方式会被认为不那么随机，例如那些使球沿着木板各边的中点组成的路线行进的扔球方法。如果我们以 45° 角从木板一边的任意一点释放球，按理论来说结果也会不那么随机。但这种结果完全是理论上的，因为各个单元格下凹的形状意味着每当球经过某个单元格而没有正好穿过其中心时，它的方向就会受到影响，从而使这个游戏具有了它应有的随机性。在下图左上角的浅灰色方框里，我们可以看到有一条黑色多边形路线，但基于上面的原因，具有类似几何形状的可以预测的路径将永远不会出现。

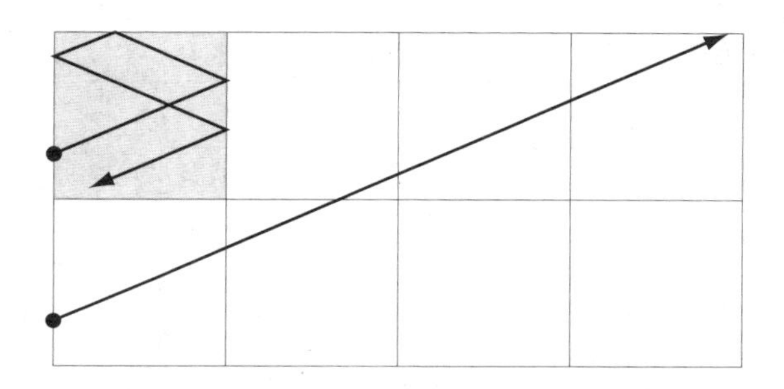

对球经过的路径进行纯粹数学上的建模是不可能的，因为它需要考虑诸如摩擦力和来自单元格不平坦的下凹形状所带来的力等物理因素，这些都能导致球进出单元格时方向发生改变。需要被纳入考虑的变量数目增多会使问题变得过于复杂。要想搞明白它就相当于要弄清楚游戏和赌博的随机性从何而来。

木板上被划分的单元格数量是个数字问题。鉴于我们有 3 种形状，4 种颜色，二者组合起来共有 12 种可能性，再考虑到还要额外加上庄家赢了所有钱的情况，单元格的数量 C 肯定是 12 的倍数加 1：

$$C = 12 \cdot k+1，k \in N$$

因为木板是正方形的，C 必须是自然数的平方。将 6 的倍数加减 1 再平方就可以得到满足上述性质的等式：

$$(6 \cdot \lambda \pm 1)^2 = 36\lambda^2 \pm 12\lambda +1 = 12\lambda \cdot (3\lambda \pm 1) +1 = 12\text{的倍数}+1$$

因此，木板上单元格的数量也可以是其他值，不过这样会使相应的概率太小（$C>49$）或太大（$C=25$）：

n	$(6n+1)^2$	$(6n-1)^2$
0	1	1
1	49	25
2	169	121
3	361	289

一个克佩勒游戏（西非）

克劳迪娅·扎斯拉夫斯基在她的著作《非洲的计数法》（*Africa Counts*）中描述了克佩勒人玩的一个游戏。玩这个游戏需要把 16 块鹅卵石排成两行，每行 8 块。一块鹅卵石会被一个玩家挑中，然后由另一个没看到怎么挑的玩家去猜究竟哪块鹅卵石被选中。具体玩法是后一个玩家会问前一个玩家被挑中的那块鹅卵石在哪一行，最多问 4 次。每次回答后，前一个玩家都会移动鹅卵石，重新排成两行。

所有的石头必须形状相同，彼此不能被区分开来，但它们有可能被染上不同的颜色，以便于人们去追踪移动的过程。

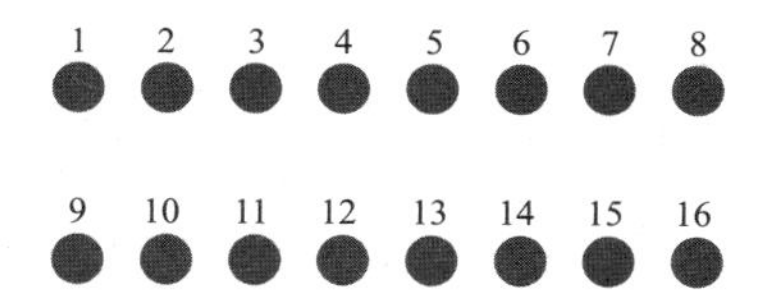

解决这个问题的方法其实就在于如何根据每个答案移动鹅卵石。假设编号 13 的鹅卵石被选中，但我们对此仍不知情。因此，当我们看到这两行鹅卵石时，会问："被选中的那块鹅卵石在哪一行？" 答案会是："下面一行。"然后我们就会把两行中奇数编号的鹅卵石对调一下：

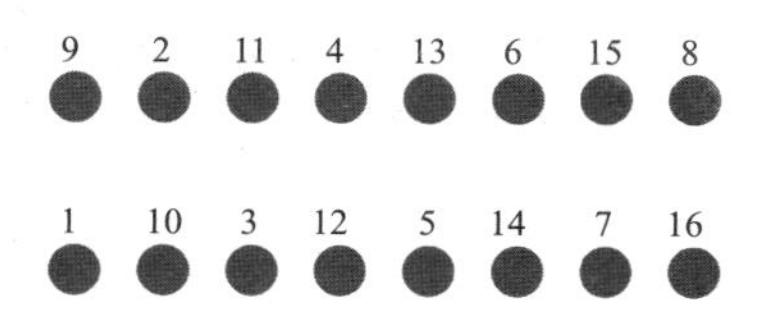

当我们再次发问时，会被告知被选中的鹅卵石现在位于上面一行。由于被选中的鹅卵石的位置变了，我们就知道它的编号必属于集合 {9，11，13，15}。现在我们可以再次交换其中一半石头的位置，比如说，将编号为 9 和 1、11 和 3 的鹅卵石对调一下：

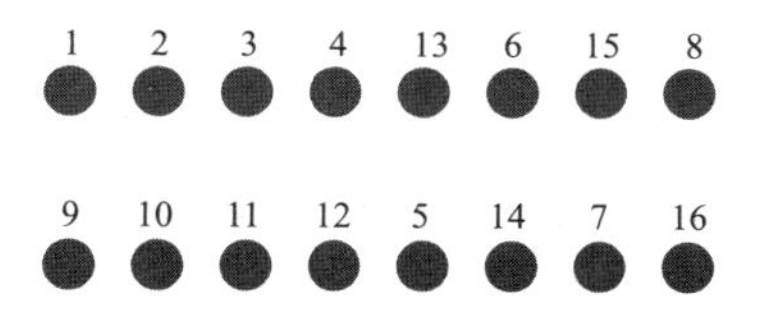

这次我们得知被选中的鹅卵石仍在第一行，因此它的编号必定是 13 或 15。现在我们得把其中一块石头调换到与它相对的位置。例如，把编号 13 和 5 的鹅卵石的位置交换一下：

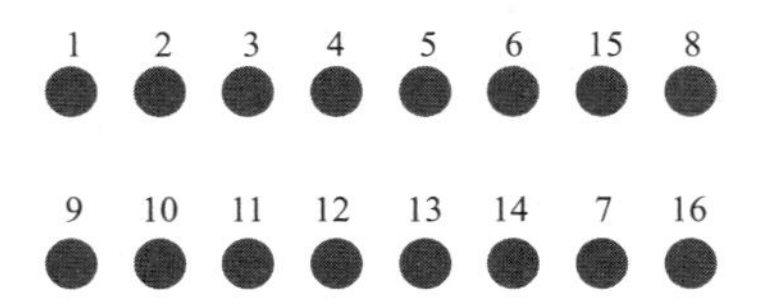

之后由于被选中的鹅卵石返回了第二行，最后的答案就呼之欲出了，它就是编号为 13 的鹅卵石。

人们玩这个游戏所采取的策略其实就是根据答案对调一半数量的鹅卵石。第一次对调四个，接着对调两个，最后对调一个。基于第四次回答即可得出结论。这种方法之所以有效，是因为把石头排成两行本身就是将游戏中所有石头的一半即八块鹅卵石互相分开。当我们被告知哪一列中包含了被选中的鹅卵石的时候，其实就意味着一半的鹅卵石已被排除在外。因此，如果我们的策略保证根据每次回答都能将待选范围缩小一半的话，最终必将得到一个唯一的结论，这是因为：

$$\frac{16}{2}=8\rightarrow\frac{8}{2}=4\rightarrow\frac{4}{2}=2\rightarrow\frac{2}{2}=1$$

居住几何学

几万年前，人类不再居住于自然形成的庇护所中，而是决定依靠具有几何形状的居所来寻求保护。例如，人们不是住在洞穴里，而是自己加工周围环境中的自然材料去建造房屋。这就涉及要建立能一直延续下去的规程和样式，而它们都是随着时间的推移而发展起来的。

大多数现代住宅都以多面体为基础，而在这些多面体中又以直棱柱最为常见。在世界各个城市中，成千上万个家庭都聚居于巨大的六面体建筑里。人类也生活在或者至少到最近一直生活在其形状源于圆形或受圆形启发的房屋中，这些形状可能是圆柱体、圆锥体甚至球体。适合居住的六面体的一个基本特征是有直角。这些房屋的墙壁都与地面以及相邻的墙壁彼此垂直。屋子里的房间和空间也是这种模式。我们周围的大多数家具也是这种形状。许多桌子、椅子、架子、衣柜和床的形状都被设计为六面体，以便于和墙壁还有放置它们的地板完美契合。其他像灯具一样的用品则可以获得更多的设计自由度。

除了住宅的个体特征外，各民族和文化同样被那种将它们组合起来构成社区的方式塑造。某些社区布局呈矩形或圆形，但也有一些布局并不基于某种特有的形状，而是以一种并非预先设计好的模式发展。

在世界各地，我们可以找到许多圆形住宅的例子，例如意大利东南部阿尔贝罗贝洛小城带有圆锥形屋顶的特鲁利圆顶石屋、许多非洲民族居住的茅草屋、美洲印第安人的圆锥形帐篷提拔以及印度尼西亚东努沙登加拉省窘比村和帝汶岛上安东尼人的圆锥形草房。因纽特人用硬雪砖砌成的圆顶雪屋是半球形的。还有一些住宅会将圆柱形墙体和圆锥形屋顶结合起来，这种建筑样式在非洲的许多地方很常见。

克劳迪娅·扎斯拉夫斯基描述了居住在乞力马扎罗山坡上的查加人的传统民居是如何建造的。第一步是把族群里最高的男人叫过来，然后让他张开双臂躺在地上，以他的臂展为测量的基本单位。房子的半径用一根绑在桩子上的绳子来确定，绳子的长度将会是该男子臂宽的 2 到 3 倍。之后再绕桩走一周，将圆周标记在地面上。门的高度由该男子的身高决定，宽度由他的头部周长确定，这个周长是用一根绳子测量出来的。另一方面，肯尼亚的基库尤人建造的房屋具有圆柱形的地基，还有用树叶覆盖的圆锥形屋顶。

虽然人们普遍认为北美印第安人帐篷提拔的结构是圆锥形的，但其实它们的外形本质上是一个棱锥形的多面体。若干根长杆互相交叉搭成一圈，一端插入地面（形成的顶点构成了一个类似正多边形的图形），一端指向天空。这些长杆形成了棱锥的侧棱，上面覆盖着兽皮或树皮。如果需要的话，这些圆锥形帐篷很容易被收起和带走。

事实上，正是屋顶使房子呈现出圆锥形的外观。印度尼西亚弗洛勒斯岛和帝汶岛上的传统住宅就是完美的圆锥形，因为实际上这些住宅的屋顶就直接搭在地上。虽然它们的骨架是棱锥形的，但覆盖在上面的叶子使这些住宅的轮廓和表面有了弧度，赋予这种民居以独特的外观。

非洲文化经常根据建筑的形状将房子组合在一起建造出他们的定居点和社区。那些矩形的房子组成的街区就是矩形的；那些由圆形房子组成的街区就以圆形或椭圆形的方式组合在一起。

某些非洲传统民居会在门框上或者内墙上弄些装饰，提拔表面的蒙皮上也会被画上标记或图案以区分主人。不过，在冰雪上就不大适合画图案了。圆顶雪屋由事先被塑造成适合搭建球形空间的硬雪砖砌成；它的圆顶被以螺旋的形式逐渐筑高，其曲线半径随着高度的增加而缩小，最终在顶部完全封闭。用

提拔是某些北美原住民文化的传统民居

来完成屋顶搭建的最后一块雪砖要比在开始建造时用的雪砖更大一些。

巴格达古城的布局完全是圆形的。它由哈里发阿尔·曼苏尔在公元8世纪下令建造。宫殿和清真寺位于城中心。巴格达古城有双重城墙，四个分别面向东西南北的城门。它并不是中东地区唯一的环形城市。阿尔·曼苏尔可能从在他之前建造的某些环形城市中获得了灵感，例如由波斯萨珊王朝的阿尔达希尔一世在2世纪所建的古尔城，即现在伊朗的菲鲁扎巴德市。

印度尼西亚苏拉威西岛的托拉雅人的情况则与此不同。他们极有特色的传统住宅是矩形的，有三个彼此不同的楼层，其最为独特之处是马鞍形的屋顶。但托拉雅人的房子最重要的特征是它的相对位置和它作为家庭、社会和文化中心的重要地位。托拉雅人的房子不仅是一处提供庇护的居所。传统的托拉雅房屋正面朝北修建，即在托拉雅人的定居点中，房子一座挨一座地成组平行排列，正门都向北。在每座房屋前面都修有一个或几个粮仓。与房子的正门都朝北相反，所有的粮仓都面向南方，正好与房子面对面。中间的空地可以用来举办典礼或举行仪式。每个家庭都与住宅有着紧密的联系，它是召开会议和进行集会的场所，也是死者的遗体在被埋葬之前安置的地方。

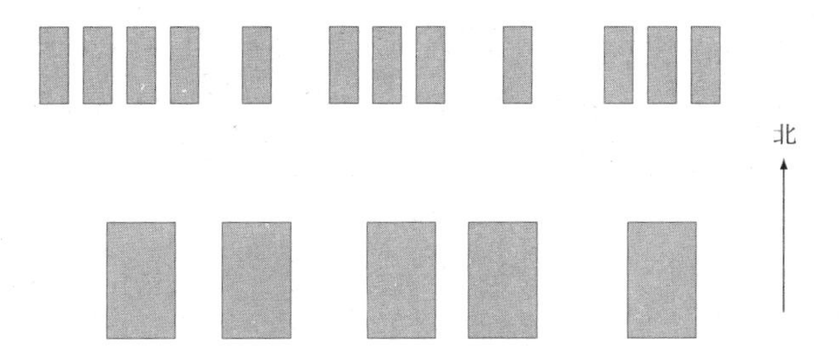

托拉雅人定居点的布局（印度尼西亚苏拉威西岛）

传统托拉雅房屋和粮仓的大小是被预先设计好的，其长宽比都是 7∶3。从事此类房屋建筑工作的马海恩·麻多提供了一份如何确定这些建筑特征的手写说明：

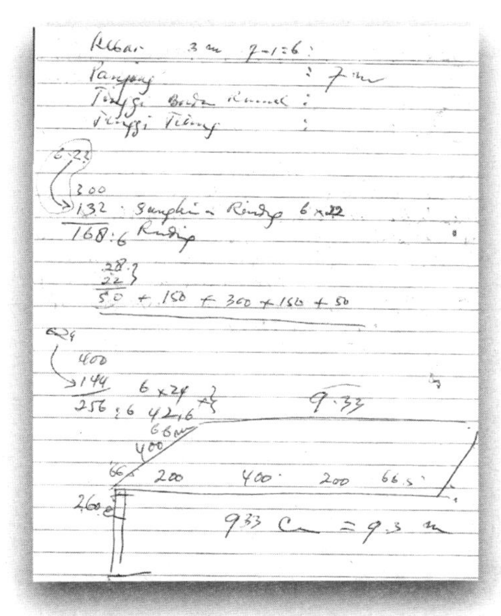

关于传统托拉雅住宅尺寸的手写说明

对这份说明做进一步解释可能会使人更明白些。这张纸上所写的内容跳过了某些逻辑步骤。如果我们将这些内容与作者没有明确说明的某些事实结合在一起，就会得到：

宽 = 300 厘米

7–1=6

6 · 22 厘米 = 132 厘米 $\Rightarrow 300 - 132 = 168 \Rightarrow \frac{168}{6} = 28$

28 + 22= 50

建筑正面的长度：50+150+300+150+50=700 厘米

与此类似，要想计算一个进深为 4 米的房子的各种尺寸，只需重复这个过程即可，只不过这次需要用 24 厘米来代替 22 厘米：

宽 = 400 厘米

6 · 24 厘米 =144 厘米 $\Rightarrow 400 - 144 = 256 \Rightarrow \frac{256}{6} \approx 42.6$

42.6 + 24 = 66.5（原文如此）

建筑正面的长度：66.5 + 200 + 400 + 200 + 66.5 = 933 厘米

下面我们将对其进行详细解释。首先我们会注意到住宅和粮仓占据的区域都是矩形的，其长宽比均为 7:3。这种矩形会被划分为 14 乘 6 的网格，长边上的 14 个单元格会被分组成 1+3+6+3+1。如果建筑物的宽为 3 米，它的长度就肯定是 7 米：

$$\frac{x}{300\text{ 厘米}}=\frac{14}{6}\Rightarrow x=700\text{ 厘米}$$

这就意味着每个单元格都是边长为 50 厘米的正方形，最长的两面墙所分别对应的 14 个单元格的总长度将是：

$$50+150+300+150+50$$

宽为 4 米时也是如此。在这种情况下，总长度将会是 9.33 米，其所对应的单元格将会这样分组：

$$66.5+200+400+200+66.5$$

舒阿尔人居住在厄瓜多尔东南部的亚马孙雨林中。他们所独有的特征之一就是地基轮廓像环形跑道一样的房子。虽然地基的中部是正方形，但左右两边各加的半个圆形使它们看起来更为细长，如下页图所示。房屋的高度与主房梁（支撑房屋顶部结构的横木）的长相同。

但舒阿尔人的房屋不仅仅是一处遮风避雨和存放财物的地方。和在世界另一端印度尼西亚托拉雅人的房子一样，它被认为是宇宙的比例模型，代表着天地万物。按照舒阿尔人的信

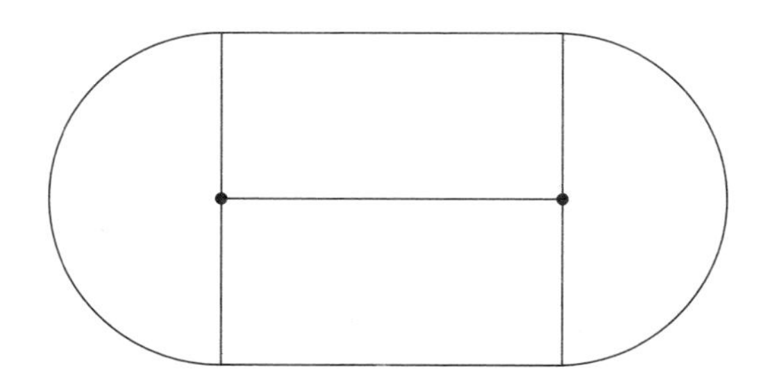

仰，房间内的空间被按照性别和社会角色分隔开来。它也表明了家庭的每个成员在社区内所必须扮演的角色。从这个意义上来说，除了明确的实际用途外，支撑着屋顶的顶梁柱也有着联系天与地的含义，沟通着苍天和大地。舒阿尔人的庆祝活动都围绕着顶梁柱举行。

技术与数学思想

在当今世界的大部分地区，许多工作都基于同一种工具而开展，这种工具就是电脑。不同之处在于人们使用的软件，这是因为几乎每个行业都需要不同的软件，而且经常需要专门的软件。对电脑的使用几乎已变成了一项必不可少的工作技能，以至于许多用户专门去学习修改程序，以便能更自由地使用它们。有人甚至还编写了子程序和小程序以简化计算任务。

大多数专业人士都能使用 Excel 电子表格。没有哪个行业不需要用它去处理会计账目和发票，去确定余额，或者是基于数量计算某种关系的期限。对许多专业人士而言，用电子表格工作是在学过数学多年后重新发现数学的一种方式，而且他们当初学数学时可能根本没见过电脑。设计行业和食品行业是这种性质的数学活动发生的绝佳例子。

建筑工程中砌砖层数的确定

一个砌层指的是两个柱子或者两堵墙之间的一排砖块。如果砖块在地面到天花板之间得到正确分配，由它砌成的墙体上应该有偶数个砌层（砖的高度是不变的），而且各层之间的灰缝（用来粘接砖块的水泥砂浆）厚度也相同。用乘法和除法就能做到这点。灰缝厚度通常为 1 厘米，但考虑到砖的形状是固定的，在实际施工中灰缝厚度可以做适当调整。根据需要，增加或减少 1 毫米都是被允许的。

实际施工过程中用的是下面的技术：首先分别量出一层砖（厚度为 h）和一层灰缝（厚度为 j）的厚度，再将二者之和（值为 $d=h+j$）标在一块长木板的一端。之后再用计算器算出 d 的倍数值［d］+ d，［d+ d］+ d，［d + d + d］+ d，...，依次将相应的长度标记在长木板上。标有这些等距标志的长木板就是用来确定砖层厚度的测量工具。之所以这样做，是为了避免对每一层都再测量一遍距离 d。如果算出来的 d 的值是像 5.8 厘米这样的数字，让一个砌砖工人不断地加这个数，再用一把尺子把它量出来，就显得过于复杂了。计算一次单位长度，再不假思索地依次把它标在长木板上显然容易多了。

下图展现的就是这种情形。初始值包括：H（空间的高度）、h（砖的厚度）、x（灰缝的厚度）和 n（从底到顶把空间砌满所需要的砖的层数）。x 的值通常在 1 厘米左右，但就像我们之前注意到的那样，有 1 毫米左右的公差范围。

砌砖层数的确定

根据上述情形，下列关系必然成立：

$$H = nh + (n+1)x \Leftrightarrow n = \frac{H-x}{h+x} \Leftrightarrow x = \frac{H-hn}{n+1}$$

我们可以借助电子表格自动算出相应的结果（砖的层数和灰缝的厚度）。下表列出了当 H=3 米、h=5 厘米时的情况。表中最接近建筑工程中实际使用的值用粗体显示。

H (cm)	h (cm)	n	x (cm)
300	5	51	0.87
300	5	50	0.98
300	5	49	1.1
300	5	48	1.22

新功能，新图形

现代世界所面对的问题与数个世纪前不同，当今的人们主要关心环境问题。科学家们已经证明，如果二氧化碳排放不得到控制，我们最终将损害地球。这是一个很难解决的问题，因为全球大部分经济体都以使用化石燃料为基础。

汽车制造商已经越来越意识到这一点，现代制造的汽车比以前更为环保，这一点会在汽车广告中加以强调。这就是为什么汽车宣传册经常在末尾附上图表，向顾客说明他们未来的汽车将会多么环保。这导致了像下面这样的图表的出现：

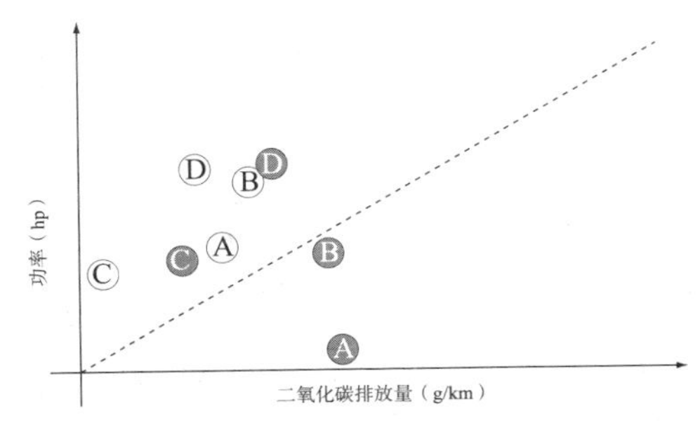

比较新车型（白色圆圈）和旧车型（灰色圆圈）的排放量和功率

最好的情况当然是制造低排放、高功率的汽车，具有这样特征的汽车将会位于上图的左上角。最糟糕的情况则与此相反，汽车的功率很低，还向大气中排放了大量二氧化碳，这样的汽车会处于上图的右下角。在上面的图表所显示的情况下，整体看上去新款车的表现要比老款车好，因为它们结合了高功率和低排放的优点（白色圆圈的集合总体处于灰色圆圈的左上方）。此外，对于同一型号的每款车而言，新款车都比老款车有所改进（对同一个字母而言，在白色圆圈内的字母都在灰色圆圈内相应字母的左侧或上方）。

后　记

在本书的开头，我们分析了数万年前南非赭石雕刻的几何性质。从那个时代开始，无数居住于这个星球上的民族和文化都在对待世界和生活的观念、做事方式、信仰和仪式以及建筑等方面形成了自己的特点。

许多文化都有一个共同的特质，那就是致力于制造出精美的物品，并把它们复制出来。认为这类活动涉及数学知识的观点并不是牵强附会。事实上，艾伦·毕晓普已经指出，所有文化中都存在六个方面的数学活动：计数、测量、辨向、设计、游戏和解释。

在跟随本书环游地球的过程中，我们已经涉猎了所有六个方面，最后所得出的一个基本结论是所有文化都会计数、测量、辨向、设计、游戏和解释。不过，他们经常抱有不一样的想法，使用不同的符号、方法和技术去这样做。关于这一点，值得注意的一个方面是，西方世界以外的数学并没有脱离它在其中发展的文化背景而独立存在。托拉雅人住宅、佛塔和阿兹特克阶梯金字塔的修建涉及数学，但这些数学同时也是为了达到更高目标所用的一种手段。除了作为住宅、寺庙和陵墓外，它们还扮演着某些文化和社会角色，这些才是它们存在的真正理由。

对被称为数学的特定知识体系进行研究只是一种相对来说比较晚近的思想，在许多传统文化中并不存在。在西方，装饰艺术、建筑工程和宗教建筑是有区别的，而其他地区则没有。单独从某种文化中将其隐含的数学提取出来会被认为造成了某种残缺。从本土文化的角度来看，这样的分解没有任何意义，因为文化的表达从来都不是一维的。

许多民族的善男信女通过祈祷和上供的形式与神交流，表达他们对神的敬意。这就是为什么这些仪式需要遵从某种模式和规则，并具有与神的地位相称的严谨性。在巴厘岛，供品被放在由棕榈叶和香蕉叶制成的托盘中。这些都是人人可获得的简单材料，但它们同时也展现出几何上的一致性。制作这些托盘是女性的责任，而且其制作方法在母女间代代相传。类似的现象也出现在印度南部喀拉拉邦和泰米尔纳德邦五彩缤纷的图案古拉姆斯中。

世界各地都会对数字进行计数和计算，但环境决定一切，商业活动中所使用的本地计算技巧由此产生。非洲市场里的摊贩和印度的公交车司机就想出了一些无须纸笔就能做乘法和除法的方法。其中一些内容是某些代数性质的应用，这些性质有些是从数学课堂学习或受其启发而得到的，但还有些完全是独立发展出来的。

是否有一个从来就不对对称感兴趣的文化存在？对称是

人类的一种显著特征。也许这就是为什么至少在更传统的文化背景下，人类所创造的一切在某种程度上更趋于对称。在世界各地的住宅、寺庙、城市规划、装饰设计和工具中，我们都能找到对称。我们生活在一个对称的世界里，即使是最前卫的设计流派也不能从中逃脱。传统的观点认为，对称就是美的表象。从这个角度来看，如果某种事物不是对称的，那它就是不美的。进一步来说，如果某种事物是平衡的，那它也是美的，因为对称与平衡具有非常紧密的联系。因此，所有民族和文化都利用这种联系去发展能展现他们的特征和象征。

逻辑、游戏和博彩是所有文化都具有的另外一些方面。亲属关系是一种与生俱来可以决定社会关系的逻辑。就其本身而言，游戏和博彩是体现不确定性的典型例子，它们实际上创造了一些领域。在这些领域中，风险是最重要的因素。对胜利的渴望和对失败的恐惧是人类最重要的驱动力，概率可以在受限的环境中将这些感觉重现。我们不知道可能性究竟是一种客观存在还是一种由于缺乏相关知识而造成的妥协，但缺少这个不确定的因素，博彩游戏就会变得毫无意义，而这个因素就是为何要对风险进行量化的最终原因。那些与可能性相关的事物的设计都与数学有联系，色子是各个面出现的可能性都相等的立方体，公平球游戏的用具也完全基于几何而设计。对称的几何体有助于随机事件的出现，而这种出现又能使参与者接受和理解可能性。

观察所有这些发生的活动，很难不去思考支持它们存在所需要的数学思想。激发我们认识它们的兴趣其实和驱动我们去了解世界的动力是一样的。为什么我们要去寻找自身文化之外的数学思想？这是因为正如我们所看到的那样，在我们所熟悉的环境之外，有那么多丰富而不同的事情发生。马来群岛各地的侍者们都用把直角三等分的方式去折叠餐巾纸，但他们并没有遵循数学课上的几何理论去进行操作，而是采用了一种既有效又实用的本地方法。

民族数学让我们认识了那些在与我们相异的文化中不断探索并丰富数学知识的民族、习俗、技术、工具和方法。这种丰富不仅包括了新的或不同的思想，也包括了我们通过文化交流而得以明确的新的数学问题。

我们怎样才能发现民族数学呢？通过观察上千年前的岩石雕刻，我们可以对给它带来启发的数学思想做出假设。让这些假设得到证实是不可能的，因为我们无法询问制作它们的人，也没有进行这项工作的工具。对于像木雕或织物这种我们有机会看到其制作过程的文化产品而言，关于创造它们所需要的数学知识的假设要更可信些。无论是其中所使用的方法和技巧，还是创造它们的人所使用的语言，都可以为我们提供他们如何思考的可靠线索。

但以下情况还是有可能出现：就算我们近距离观察了某个制作流程，我们关于执行这个流程的人的想法的假设仍然是错误的。折叠餐巾纸的例子就是如此。在整个折叠过程中，观察者所观察到的动作和按他自己设想的数学指导原则所要求的操作完全相同。解决的方法是去问那些做这项工作的人，只有那时（尽管我们可能仍有保留意见）我们才能确定他们究竟在想些什么。

世界上也存在着某些能创造建筑奇迹的动物。蜜蜂、蜘蛛、鸟类和蜣螂可以造出六边形的单元格、极为规则的几何网格和近乎完美的球形。看着它们的成果，再观察它们的劳动，我们可能会认为它们的蜂巢、蜘蛛网、鸟巢和粪球都是数学思想的产物。这的确有可能，但这些生物与人类有一个根本的区别：我们不能向它们发问，因此只能对它们的行为做出假设。

一旦我们认知了某种数学知识，我们可以用它做什么呢？答案可能在于改进数学本身——无论这种数学是本土数学还是外来数学。此外，我们必须从两个方向做到这一点：从非正规数学到正规数学，反之亦然。这里就体现了教育的重要性。从属于某种文化就意味着具有它各方面的特征，学习它的语言、它的习俗、它的生活哲学、它的仪式和信仰、它的交易方式，住在遵从它的建筑风格建造的房子里，吃它的食物，参与它的游戏，当然，还要学习它的数学。我们现在已经看到，没有数学，文化就不能存在。同样，如果我们不学习某种文化的数学，就不能说自己真正从属于它。

我们居住在一个因通信技术进步而日益全球化的世界里。没有数学，技术就不可能存在，这个事实不应该让我们认为，在非凡的技术世界之外，就没有值得我们学习的数学了。数学之所以具有普遍性，不是因为它是一种柏拉图所认为的先验思想，而是因为它是由所有民族和文化共同发展起来的民族数学知识相互作用的结果。对于这些景象，我们在这场长途数学之旅中已经看过了其中的一部分，但遗憾的是旅程到这里就必须暂时结束了。

参考书目

Ascher, M., *Ethnomathematics. A Multicultural View of Mathematical Ideas*, New York, Chapman & Hall/CRC, 1994.

Bishop, A., *Mathematical Enculturation: A Cultural Perspective on Mathematics Education*, Dordrecht, Kluwer Academic, 1991.

Datta, B., *The Science of the Sulba: A Study in Early Hindu Geometry*, Calcutta University Press, 1932.

Gombrich, E.H., *The Sense of Order: A Study in the Psychology of Decorative Art*, London, Phaidon Press, 1994.

Hidetoshi, F., Rothman, T., *Sacred Mathematics. Japanese Temple Geometry*, New Jersey, Princeton University Press, 2008.

Hodges, P., *How the Pyramids were Built*, Wiltshire, Aris and Phillips, 1993.

Honour, H., Fleming, J., *A World History of Art*, London, Laurence King Ltd., 2009.

Ifrah, G., *The Universal History of Numbers: From Prehistory to the Invention of the Computer*, Chichester, Wiley, 2000.

Naresh, N., *Workplace Mathematics of the Bus Conductors in Chennai, India*, Ph.D., Illinois State University, 2008.

Robins, G., Shute, C., *The Rhind Mathematical Papyrus*, London, British Museum Publications, 1990.

Zalavsky, C., *Africa Counts. Number and Pattern in African Cultures, Chicago*, Lawrence Hill Books, 1973.